Ernst Probst

Die Bronzezeit

Das goldene Zeitalter der Urgeschichte

Der dänische Archäologe
Christian Jürgensen Thomsen (1788–1865)
hat 1836 die Urgeschichte
nach dem jeweils am meisten verwendetem Rohstoff
in drei Perioden eingeteilt:
Steinzeit, Bronzezeit und Eisenzeit.
Reproduktion aus Jorn Street-Jensen:
Christian Jürgensen Thomsen und Ludwig Lindenschmit:
Eine Gelehrtenkorrespondenz
aus der Frühzeit der Altertumskunde (1853–1964),
Mainz 1985

Die Bronzezeit

Als Bronzezeit wird jenes Zeitalter der Menschheitsgeschichte bezeichnet, in dem erstmals in größerem Umfang aus einer Verbindung der Metalle Kupfer und Zinn – nämlich Bronze – Werkzeuge, Waffen und Schmuck angefertigt wurden. Nach der vorangegangenen, viel längeren Steinzeit ist die Bronzezeit in Europa mit ihrer verhältnismäßig geringen Dauer von maximal 1500 Jahren das zweitlängste Zeitalter der Urgeschichte.
Die Bronzezeit begann – nach den ältesten Bronzefunden zu schließen – in Mesopotamien, Ägypten, auf der Mittelmeerinsel Kreta, in Troja und Südosteuropa schon um 2500 v. Chr., nahm in manchen Teilen Mitteleuropas etwa 2300 v. Chr. ihren Anfang und setzte in Nordeuropa erst gegen 1600 v. Chr. ein. Die Bronzezeit endete mit dem Aufkommen des Eisens, also bei den Hethitern in Kleinasien schon 1300 v. Chr., in Griechenland etwa 1200 v. Chr., in Italien und auf dem Balkan um 1000 v. Chr., in Teilen Mitteleuropas ungefähr 800 v. Chr. und in Nordeuropa erst um 500 v. Chr. Bronzezeitliche Kulturen haben in Europa, Afrika und Asien existiert.
Der Begriff »Bronzezeit« wurde 1836 in einem Museumskatalog durch den dänischen Prähistoriker Christian Jürgensen Thomsen (1788–1865) aus Kopenhagen eingeführt. Statt des Namens Bronzezeit schlug der Prähistoriker Christian Strahm

aus Freiburg/Breisgau bei einem Vortrag im April 1991 den Ausdruck »Metallikum« vor, weil man erst seit diesem Abschnitt von einer weitverbreiteten Metallurgie sprechen könne. Strahm bezeichnete die ältere Frühbronzezeit in Mitteleuropa als »Aufbauphase« und die entwickelte Frühbronzezeit als »industrielle Phase« der Metallurgie.
Bis in die Bronzezeit reichen die Anfänge der Antike, also des klassischen oder griechisch-römischen Altertums, zurück. Die Historiker datieren den Beginn der Antike uneinheitlich. Sie lassen die Antike entweder schon mit der frühgriechischen Einwanderung in Hellas vor 1500 v. Chr. beginnen oder erst mit der eigentlichen griechischen Geschichte etwa 500 Jahre später. Auch bezüglich des Endes der Antike war man sich nicht einig. Es wird durch bestimmte historische Ereignisse – wie etwa den Beginn der Alleinregierung Konstantins 324 n. Chr. oder die Absetzung des letzten weströmischen Kaisers Romulus Augustus durch den Söldnerführer Odoaker 476 n. Chr. – markiert.
Außer den archäologischen Funden geben auch zahlreiche schriftliche Quellen über das bronzezeitliche Leben Auskunft, weil in dieser Periode die Schrift in Ägypten, Sumer und Babylonien bereits bekannt war und auf Kreta, in Phönikien und Griechenland eingeführt wurde. So liegen beispielsweise für Ägypten aus der Zeit nach 2000 v. Chr. die Dauer der einzelnen Herrscherdynastien, die Regierungszeit der Pharaonen, deren Namen sowie Jahreszahlen wichtiger Ereignisse vor. Dieses Zahlengerüst liefert manchmal wertvolle Anhaltspunkte bei Datierungsfragen.

Die Menschen der Bronzezeit kannten vielleicht schon ein altes Maßsystem, das nach neueren Erkenntnissen bereits in der Steinzeit vorhanden war und bis in die Barockzeit galt. Es soll auf der Basis von 33,3 Zentimetern für eine Einheit beruhen. Über dieses »altgermanische Maßsystem« hatte der Archäologe und Numismatiker Robert Forrer (1866–1947) aus Straßburg schon 1907 geschrieben.

Für Skandinavien und Norddeutschland wird die 1885 von dem schwedischen Prähistoriker Oscar Montelius (1843–1921) aus Stockholm erarbeitete Gliederung der Bronzezeit verwendet. Er teilte die nordische Bronzezeit nach der typologischen Abfolge von Bronzeerzeugnissen (Gewandspangen, Rasiermesser, Schwerter, Gürteldosen) in sechs Perioden ein, die er mit römischen Ziffern von I bis VI kennzeichnete. Das auf seinen Erkenntnissen aufbauende Chronologieschema sieht heute so aus:

Periode I (frühe Bronzezeit):
etwa 1800 bis 1500 v. Chr.,
Periode II (ältere Bronzezeit):
etwa 1500 bis 1200 v. Chr.,
Periode III (mittlere Bronzezeit):
etwa 1200 bis 1100 v. Chr.,
Perioden IV und V (jüngere Bronzezeit):
etwa 1100 bis 800 v. Chr.,
Periode VI (frühe Eisenzeit):
etwa 800 bis 500 v. Chr.

Für das südliche Mitteleuropa (Süddeutschland, Österreich und die Schweiz) ist weitgehend die Gliederung von 1902 des damals in Mainz arbeitenden Prähistorikers Paul Reinecke (1872–1958) maßgeblich, der später in München tätig war. Er teilte die süddeutsche Bronzezeit nach Fundkombinationen in vier Stufen von A bis D ein. Auch die folgende Hallstatt-Zeit gliederte er in vier Stufen von A bis D, die er der Eisenzeit zurechnete.
Erst später erkannte man, daß das Fundgut der Stufen Hallstatt A und B noch nicht zur Hallstatt-Kultur im eigentlichen Sinne gehört. Aus diesem Grund wurden diese Abschnitte unter dem Begriff Urnenfelder-Zeit zusammengefaßt. Die Stufen Hallstatt C und D gelten heute als eigentliche Hallstatt-Zeit beziehungsweise -Kultur im Sinne der frühen Eisenzeit. Bisweilen werden die Stufen A und B je nach Fundgut als früheste Eisenzeit bezeichnet.
Im südlichen Mitteleuropa gilt heute – etwas abweichend von Reineckes Schema – folgende Einteilung der Bronzezeit:
Die Stufe Bronzezeit A entspricht der Frühbronzezeit. Sie wurde zeitweilig nach der vorherrschenden Bestattungsart auch Hockergräber-Bronzezeit genannt (etwa 2300 bis 1600 v. Chr.).
Die Stufen Bronzezeit B und C werden als Mittelbronzezeit bezeichnet. Wegen der charakteristischen Bestattungsart heißt diese auch Hügelgräber-Bronzezeit (etwa 1600 bis 1300/1200 v. Chr.).
Die Stufe Bronzezeit D (etwa 1300 bis 1200 v. Chr.) markiert sowohl das Ende der Mittel- als auch den Beginn der

Spätbronzezeit. An manchen Fundstellen weist sie noch Merkmale der Hügelgräber-Bronzezeit auf, an anderen bereits solche der Urnenfelder-Zeit, meistens aber beides. Diese Übergangszeit oder Zeit eines faßbaren Kulturwandels, die Bronzezeit D, wird heute häufig als ältester Teil der Urnenfelder-Kultur betrachtet. Die Hauptphasen der nach ihrer typischen Bestattungsart in weiten Gebieten als Urnenfelder-Kultur definierten Spätbronzezeit umfassen die Stufen Hallstatt A und B (etwa 1200 bis 800 v. Chr.) nach der Terminologie von Reinecke.

Das Klima der Bronzezeit fiel weitgehend in die Späte Wärmezeit (auch Subboreal genannt), die schon in der Jungsteinzeit begonnen hatte und bis etwa 800 v. Chr. dauerte. Es war eine Zeit des Übergangs, in der in Europa gebietsweise Eichenmischwälder, aber auch Buchen-, Buchen-Tannen- oder reine Fichtenwälder wuchsen.

In den Wäldern Mitteleuropas lebten unter anderem Braunbären *(Ursus arctos)*, Wölfe *(Canis lupus)*, Rot- beziehungsweise Edelhirsche *(Cervus elaphus)*, Auerochsen beziehungsweise Ure *(Bos primigenius)* und Wildschweine *(Sus scrofa)*. Funde von Löwenknochen, in einem Fall sogar mit Schnittspuren, Darstellungen der Mykenischen Kultur sowie die Sage von Herakles (Herkules) und dem Nemeischen Löwen zeigen, daß im bronzezeitlichen Griechenland noch wildlebende Löwen *(Panthera leo)* gejagt und verzehrt wurden.

Im Mittelmeergebiet ereignete sich um 1500 v. Chr. eine der verheerendsten Naturkatastrophen der Bronzezeit: Bei einem Vulkanausbruch wurde die griechische Kykladeninsel Thera

So genannte »reiche Frau« der Urnenfelder-Kultur auf einer von dem Münchener Historienmaler und Altertumsforscher Julius Naue (1832–1907) geschaffenen historischen Trachtenrekonstruktion. Reproduktion aus: »Deutschland in der Bronzezeit« (1996) von Ernst Probst (Foto: Prähistorische Staatssammlung, München)

(das heutige Santorin) so stark verwüstet, daß man dieses Ereignis sogar mit dem Untergang des sagenhaften Atlantis in Verbindung brachte.

Die Menschen der Bronzezeit waren im Durchschnitt etwas größer als diejenigen der Steinzeit. Bei den frühbronzezeitlichen Angehörigen der Aunjetitzer Kultur in Tschechien und der Slowakei, in Mitteldeutschland und Niederösterreich erreichten die Männer eine Körperhöhe von 1,60 bis maximal 1,78 Metern, die Frauen von 1,55 bis 1,66 Metern. Die Männer der nordischen Bronzezeit in Skandinavien und Norddeutschland waren häufig mehr als 1,70 Meter groß, wie aus Skelettfunden in Baumsärgen ersichtlich wird.

Für Jungen und Mädchen endete die Kindheit wohl im Alter von etwa 14 bis 15 Jahren. Dieses Ereignis wurde mit einem großen Fest (Initiationsfeier) begangen, bei dem die Jugendlichen Aufnahme in den Kreis der Erwachsenen fanden. Nach der Zeremonie, die möglicherweise vom Häuptling oder Priester durchgeführt wurde, galten Jungen als Männer, die Mädchen als Frauen und konnten nun heiraten. Bei der Feier erhielten die Jungen vermutlich eine Waffe und die Mädchen bronzene – oder sogar goldene – Schmuckstücke.

Um den Gesundheitszustand der bronzezeitlichen Bevölkerung war es meistens schlecht bestellt. In manchen Kulturen hatte mehr als die Hälfte der Menschen irgendwelche körperlichen Mißbildungen und Krankheiten.

Mehr als drei Viertel der Männner und Frauen litten unter Parodontose, über 25 Prozent an Karies. Auch Kiefererkrankungen waren recht häufig. Weniger als ein Fünftel der

Männer wurde älter als 40 Jahre. Bei den Frauen, die häufig wegen mangelnder Hygiene nach einer Entbindung starben, überlebte nur jede zwanzigste das 40. Lebensjahr. Schädelverletzungen und -krankheiten versuchte man gelegentlich durch Operationen (sogenannte Trepanationen) zu heilen.
Die bronzezeitlichen Bauern, Handwerker und Krieger in Mitteleuropa lebten in Einzelgehöften, kleinen Dörfern und befestigten Siedlungen (»Burgen«). Letztere wurden auf Bergen mit zum Teil steil abfallenden Hängen errichtet sowie mit Gräben, Wällen und Palisaden befestigt, was unruhige Zeiten vermuten läßt.
In Süddeutschland, Österreich und der Schweiz gab es – wie zuvor in der Jungsteinzeit – auch Seeufersiedlungen (»Pfahlbauten«). Spuren von ihnen kennt man aus der Früh- und Spätbronzezeit. In der Mittelbronzezeit waren die Seeufer offenbar wegen ungünstiger klimatischer Verhältnisse und steigender Wasserspiegel kein idealer Platz für Siedlungen. Die Wände und Dächer der Wohnhäuser und Nebengebäude hatte man überwiegend in Holzbauweise errichtet.
In manchen Gebieten baute man sehr große Häuser, mehrheitlich viele kleinere. Aus Angelsloo-Emmerhout bei Emmen in der holländischen Provinz Drenthe sind Grundrisse einer Siedlung mit etwa 50 Lang- und Kurzbauten sowie Speichern bekannt. Die Langbauten hatten eine Breite zwischen fünf und sechs Metern sowie eine Länge bis zu 65, in einem Fall sogar bis zu 80 Metern. Die riesigen Häuser waren in je einen Wohn- und Stallteil gegliedert. In Elp, ebenfalls in der Provinz Drenthe, existierte eine Siedlung, die aus sechs Lang- und

vier Kurzhäusern sowie drei Stallgebäuden bestand. Das größte Gebäude mit 40 Meter Länge konnte im Stallteil etwa 20 bis 30 Rinder aufnehmen. Die Wohnhütten der Aunjetitzer Kultur in Tschechien und der Slowakei mit Grundrissen von sechs mal vier beziehungsweise neun mal sechs Metern gaben sich wesentlich bescheidener.

Auf Kreta, in Griechenland, auf Sardinien, den Balearen (Mallorca, Menorca), in Spanien, Frankreich und im Karpatenbecken (Ungarn) wurden in der Bronzezeit bereits steinerne Wohngebäude oder -anlagen mit teilweise kolossalen Ausmaßen errichtet.

Zu den erstaunlichsten Leistungen der bronzezeitlichen Baukunst zählten die prachtvollen Paläste von Herrschern der Minoischen Kultur auf Kreta. Hier sind vor allem die Anlagen von Knossos, Phaistos und Hagia Triada zu nennen. Deren Glanz steht in auffälligem Kontrast zu dem Elend der Hütten in weniger entwickelten, gleichzeitigen Kulturen Mitteleuropas.

Der Palast von Knossos aus dem 16. Jahrhundert v. Chr., der ältere Vorgänger hatte, umgab einen 28 mal 60 Meter großen zentralen Hof, der von zahlreichen mehrstöckigen Gebäuden mit vielen Räumen, Pfeilersälen und Lichthöfen umrahmt wurde, die durch enge Korridore und Treppen verbunden waren. Fresken mit Alltagsszenen schmückten viele Wände. Der Palast verfügte über Warmwasserheizung, Badezimmer mit Sitzwannen und Toilette mit Wasserspülung. Diesem Komplex schloß sich eine Stadt mit schätzungsweise 50.000 Einwohnern an.

Weniger prunkvoll fielen die wehrhaften Burgen der Mykenischen Kultur (1600 bis 1100 v. Chr.) auf dem griechischen Festland und einigen Mittelmeerinseln aus. Das berühmteste Beispiel dieses Baustils findet sich in Mykene (auch Mykenä oder Mykenai genannt), nach dem jene Kultur bezeichnet ist. In den Epen des griechischen Dichters Homer residierte Fürst Agamemnon auf Mykene. Besonders trutzig wirkte die auf einem Hügel thronende Burg in der zweiten Hälfte des 14. Jahrhunderts v. Chr., nachdem sie mit »kyklopischen« Mauern verstärkt worden war.

Auch andere Kulturen beziehungsweise Stämme errichteten in der Bronzezeit schon burgenähnliche Befestigungsanlagen mit steinernen Mauern und mitunter sogar Türmen. Derartige Bauwerke kennt man von der El-Argar-Kultur in Spanien, aus dem mediterranen Frankreich und aus dem Karpatenbecken (Ungarn).

In Mitteleuropa gab es überwiegend »Burgen« mit Mauern, deren Holzkonstruktionen man mit Erde und Steinen füllte. Solche Befestigungen sind häufig durch Brände, die durch ungeschicktes Hantieren mit offenem Feuer verursacht oder durch Angreifer gelegt wurden, zerstört worden.

Für die Bauern, Handwerker und Krieger der Bronzezeit war die Jagd nicht mehr lebenswichtig, weil die Ernährung durch Ackerbau und Viehzucht weitgehend gesichert wurde. Dennoch dürfte gelegentlich der Speisezettel durch zur Strecke gebrachte Wildtiere oder Fische bereichert worden sein.

Verkohlte Getreidekörner aus Siedlungen, Gräbern und an Opferstellen sowie Getreidekörnerabdrücke auf Tongefäßen

und Hüttenlehm belegen, welche Getreidearten in der Bronzezeit angebaut wurden. Wie in der Jungsteinzeit gab es weiterhin Nacktgerste *(Hordeum vulgare* var. *nudum),* mehrzeilige Gerste *(Hordeum vulgare),* Saatweizen *(Triticum aestivum),* Emmer *(Triticum dicoccon,* früher auch *Triticum dicoccum* genannt) und seltener das ertragsarme Einkorn (*Triticum monococcum).* Hinzu kamen Rispenhirse *(Panicum miliaceum),* Dinkel beziehungsweise Spelt *(Triticum spelta),* der sogar in Gebieten mit niederschlagsreichem und rauhem Klima gedeiht, und im südlichen Mitteleuropa auch Kolbenhirse *(Setaria italica).*
Außerdem säte und erntete man allerlei Gemüse, wie Kohl *(Brassica oleracea)* und vielleicht auch Möhren *(Daucus carota).* Eiweißhaltige Hülsenfrüchte wie Linsen (*Lens culinaris),* Erbsen *(Pisum sativum)* und vor allem Ackerbohnen *(Vicia faba),* auch Pferde- oder Saubohnen genannt, wurden immer beliebter. Man verwendete sie vermutlich zur Herstellung von Brei. Schlafmohn *(Papaver somniferum)* und *Flachs (Linum usitatissimum)* dienten – wie schon in der Jungsteinzeit – zur Gewinnung von pflanzlichem Öl. Der Flachs (Lein) wurde außerdem zur Herstellung von Fasern für Leinengewebe verwendet. Ab der Spätbronzezeit stellte man häufig aus Leindotter *(Camelina sativa)* Öl für technische und Speisezwecke her.
Als eßbare Sammelpflanzen sind Wildäpfel *(Malus sylvestris),* Wildbirnen *(Pyrus pyraster),* Schlehen *(Prunus spinosa),* Trauben von Wildem Wein *(Vitis sylvestris),* Kornelkirschen *(Cornus mas),* Himbeeren *(Rubus idaeus),* Brombeeren *(Rubus fruticosus),* Schwarzer Holunder *(Sambucus nigra),* Haselnüsse *(Corylus avellana)* und Eicheln *(Quercus robur, Quercus petraea)* bekannt.

Dicht bei den Einzelgehöften oder Dörfern dürften gartenartige Flächen gelegen haben, etwas weiter davon entfernt die Felder, auf denen Sommer- und Wintergetreide solwie Hülsenfrüchte angebaut wurden. Zum Schutz der Saat und der Frucht auf den Äckern vor Wild- und Haustieren waren Zäune beziehungsweise dichte Hecken erforderlich.
Neben Feldhacken aus Holz oder Hirschgeweih wurden zum Auflockern des Ackerbodens auch hölzerne Pflüge mit Rindern und später auch Pferden als Zugtieren eingesetzt. Bronzezeitliche Hakenpflüge, welche die Erde aufrissen, aber noch nicht wendeten, sind aus Italien (Lavagnone) und eventuell auch aus Deutschland (Walle bei Aurich) bekannt. Außer den parallel gezogenen Pflugspuren unter Grabhügeln ist der Einsatz des Pfluges durch spätbronzezeitliche Felszeichnungen nachgewiesen.
Die Getreideernte erfolgte in der Frühbronzezeit wohl überwiegend mit Sichelschäften aus Holz oder Hirschgeweih, in die scharfkantige Feuersteinklingen eingeklemmt wurden. Schlagartig mit Beginn der Mittelbronzezeit setzte sich paneuropäisch die aus Bronze gegossene Sichel als Neuheit durch. Es fällt auf, daß dieses Erntegerät erst jetzt in Bronze ausgeführt wurde, obwohl der Werkstoff Bronze schon seit Generationen bekannt war. Sicheln sind fast ausschließlich in Depots (früher Horte genannt) gefunden worden. Sie lösten das frühbronzezeitliche Randleistenbeil als Hortungsgut ab. Die mittelbronzezeitlichen Sicheln weisen als einziger Gegenstand im bronzezeitlichen Inventar ein komplexes Zeichensystem auf, die sogenannten Sichelmarken. Es spricht einiges

dafür, daß diese Sichelmarken ein mit kalendarisch-vegetationszyklischen Begriffen verbundenes Mitteilungs-system beinhalten. Die mondförmige, heilige Gestalt der Sichel, ihr massives und plötzliches Auftreten in Depots, verbunden mit der Beobachtung, daß zwei Drittel aller Markensicheln nie benutzt wurden, lassen die Bronzesichel als Hortgut erscheinen.

Anfangs wurde die Sichel überwiegend als »Hortgeld« an numinöse Mächte für Bitten oder Danksagungen hergestellt und geopfert. Erst in der Jung- und Spätbronzezeit, als die Zusammenstellung der Depots mehr auf dem Materialwert anstatt auf dem Symbolwert der Opfergaben basierte, büßte die Bronzesichel ihre streng genormte Form und auch ihre Funktion als »Hortgeld« ein. Von nun an diente sie vor der Deponierung in der Regel als profanes Ernteschnittgerät.

Wie in der Jungsteinzeit wurden auch in der Bronzezeit die Getreidekörner mit steinernen Handmühlen zerquetscht. Das auf diese Weise gewonnene Mehl mischte man mit Wasser. Der Teig wurde dann in tönernen Backöfen zu Brot gebacken. Solche Backöfen gehörten zu jedem Haushalt.

Neben den schon in der Jungsteinzeit üblichen Haustieren – wie Hund *(Canis)*, Rind *(Bos)*, Ziege *(Capra)*, Schaf *(Ovis)* und Schwein *(Sus)* – gewann in der Bronzezeit das Pferd *(Equus)* immer größere Bedeutung. In der Mittelbronzezeit kam der vom Pferd gezogene Streitwagen auf. Ab der Spätbronzezeit fand das Pferd vermehrt als Reittier von Kriegern Verwendung. Die während der Bronzezeit gehaltenen Schafrassen trugen noch dicke Stichelhaaare in der Wolle. Sobald diese beim

So genannter Stammesfürst
mit Beil und Schwert bewaffnet
aus der mittelbronzezeitlichen Hügelgräber-Kultur
nach einer historischen Trachtenrekonstruktion
des Münchener Historienmalers
und Altertumsforschers Julius Naue (1832–1907).
Reproduktion aus: »Deutschland in der Bronzezeit« (1996)
von Ernst Probst (Foto: Prähistorische Staatssammlung, München)

Spinnen zu Wollfäden zusammengedreht werden sollten, erwiesen sie sich als recht widerspenstig: Sie knickten und spreizten sich mit den Enden aus dem Faden heraus. Das kann man an bronzezeitlichen Kleidungsstücken gut beobachten.
Der wichtigste technische Fortschritt in der Bronzezeit war die Verwendung des neuen Metalls Bronze bei der Herstellung von Werkzeugen, Waffen und Schmuck. Anders als bei Rohkupfer, das man bereits gegen Ende der Jungsteinzeit (auch Kupferzeit genannt) in Europa kannte, ist Bronze wesentlich leichter zu schmelzen, erweist sich dann aber beim Endprodukt als merklich härter. Aus Bronze ließen sich weitaus kompliziertere Geräte anfertigen als aus Stein.
Wo und ab wann Bronze zuerst bewußt hergestellt wurde, ist umstritten. Wahrscheinlich wurde diese neue Legierung aus den Metallen Kupfer und Zinn im Vorderen Orient entdeckt. Die ältesten Bronzegeräte sind aus Mesopotamien, Ägypten und von der Mittelmeerinsel Kreta bekannt. Anscheinend konnte dort der enorme Metallbedarf bald nicht mehr ausschließlich durch eigene Kupfer- und Zinnvorkommen gedeckt werden.
Dies führte offenbar bereits im dritten vorchristlichen Jahrtausend zu Expeditionen von Erzsuchern nach Mittel- und Westeuropa, die wohl überwiegend auf dem Seeweg entlang der Mittelmeerküste erfolgten. Möglicherweise sind bestimmte befestigte Hügelsiedlungen in Südspanien und Portugal von solchen Erzsuchern als Kolonien erbaut worden. Dieser Theorie zufolge haben Kontakte der Erzexpeditionen mit

einheimischen Stämmen und das Abreißen der Verbindung zum fernen Mutterland vielerorts selbständige Kulturen der Frühbronzezeit entstehen lassen.
In Mitteleuropa zeigte sich zunächst nur die Bevölkerung weniger Regionen dem neuen Metall gegenüber aufgeschlossen, dessen Kenntnis wahrscheinlich von der Pyrenäenhalbinsel und von Südosteuropa aus durch Wanderhandwerker verbreitet wurde. Hier ist an erster Stelle die gebietsweise in Tschechien und der Slowakei, Mitteldeutschland und Niederösterreich heimische Aunjetitzer Kultur zu nennen. Es wird vermutet, daß von dieser das ideale Mischungsverhältnis von etwa 90 Prozent Kupfer und zehn Prozent Zinn für die Bronze herausgefunden wurde.
Andere frühbronzezeitliche Kulturen in Mitteleuropa waren am nördlichen Oberrhein die Adlerberg-Kultur, südlich der Donau in Bayern die Straubinger Kultur, in Teilen Baden-Württembergs die Singener Gruppe sowie im westschweizerischen und französischen Rhonegebiet die Rhone-Kultur. Um die Zinnvorkommen der Bretagne und Südwestenglands entstand die Wessex-Kultur.
In der Mittelbronzezeit setzte sich die Bronzeherstellung und -verarbeitung in weiteren Gebieten durch. Zum Beispiel war sie nun in der von Ostfrankreich bis nach Ungarn verbreiteten Hügelgräber-Kultur sowie gleichzeitig in der nordischen Bronzezeit Skandinaviens und Norddeutschlands üblich.
Während der Spätbronzezeit haben bereits alle Kulturen Europas – beispielsweise Urnenfelder-Kultur, Lausitzer Kultur, nordische Bronzezeit – die Bronzegußtechnik beherrscht.

Der Abbau der Erze Kupfer und Zinn, der Guß von verschiedenen Geräten, die Weiterverarbeitung von Bronzebarren zu Werkzeugen und Waffen sowie der Handel mit Bronzeerzeugnissen ließen neue Berufe entstehen: zum Beispiel Bergleute, Gießer, Schmiede und Händler. Holzgeräte, Keramikgefäße, Textilien und Lederwaren sind wohl noch meistens von jeder Familie selbst angefertigt worden, wenngleich es mit zunehmendem Tauschhandel auch hier bald Spezialisten gegeben haben dürfte.
Der Handel in der Bronzezeit erfolgte – mit Ausnahme von Ägypten, Sumer, Babylon, Kreta, Phönikien und erst viel später auch in Griechenland – ohne die Kenntnis der Schrift. Da allgemein noch kein Geld gebräuchlich war, beschränkte man sich auf Tauschgeschäfte. Gehandelt wurde mit den Rohmetallen Kupfer, Zinn, Gold, Silber, außerdem mit Bronze, besonders kunstvoll gearbeiteten Werkzeugen, Waffen, Gefäßen und Schmuckstücken, Bernstein, Salz und mit Überschüssen aus der Landwirtschaft, wie Saatgut und Haustieren. Vielleicht waren gelegentlich auch Kriegsgefangene als Sklaven Tauschobjekte. Ein Teil der Versteckfunde könnte von wandernden Händlern als Depot angelegt worden sein.
Für den Transport größerer Handelsgüter fanden in der Bronzezeit zunehmend Wagen Verwendung, vor die man Rinder oder Pferde spannte, sowie Boote und Schiffe, die von Ruderern fortbewegt wurden. In dieses Zeitalter fällt auch der früheste Einsatz leichter zweirädriger, von Pferden gezogener Streitwagen, die beispielsweise von den um 1650

v. Chr. in Ägypten einfallenden Kriegern der Hyksôs und außerdem von der Mykenischen Kultur in Griechenland bekannt sind.
Seit etwa 1800 v. Chr. fertigte man in Europa die im Vergleich zu den vorher üblichen schweren Scheibenrädern viel leichteren Speichenräder an. Als einer der frühesten Belege dafür wird ein Fund aus Balkåkra in Schweden gedeutet, den manche Autoren als ein nach 1700 v. Chr. zu kultischen Zwecken gebautes Wagenmodell mit Vierspeichenrädern betrachteten. Das angebliche Wagenmodell soll eine 42 Zentimeter große, kreisrunde Bronzescheibe als Sonnensymbol getragen haben. Andere Experten deuteten denselben Fund als Trommel oder als Altarschmuck.
Ins 16. Jahrhundert v. Chr. werden Abdrücke originalgroßer zehnspeichiger Räder datiert, die in Gräbern (Kurgane genannt) der Andronovo-Kultur von Sintasta im südlichen Transuralien entdeckt wurden. Diese Abdrücke stammen von Speichenrädern, deren Durchmesser bis zu einen Meter aufwies und deren Holz zerfallen war. Darstellungen von Speichenradwagen fand man häufig auf Tongefäßen der jüngeren Ockergrab-Kultur nach 1500 v. Chr. in Rußland. So waren in ein Tongefäß aus einem Grab von Suchaja Saratovka im Transwolgagebiet ein zweirädriger Wagen mit Speichenrädern, Deichsel, Joch und zwei Zugpferden eingeritzt.
Besonders häufig finden sich Wagen mit Speichenrädern auf Felsbildern in Südskandinavien und in den Südalpen. Sie wurden zwischen etwa 1800 und 1100 v. Chr. geschaffen. Eine Felsbildgruppe von Frännarp in Schweden zeigt ins-

gesamt etwa ein Dutzend zweirädriger Wagen, die in einer Reihe aufgefahren zu sein scheinen. Sechs davon sind fahrbereit, nämlich mit je zwei Pferden bespannt. Felsbilder von Tanum und aus dem Steinkistengrab von Kivik stellen Zweiradwagen dar, auf denen der Fahrer steht. Andere schwedische Felsbilder wie die von Rished und Langön lassen vierrädrige Wagen erkennen, die lenkbar waren. Zweirädrige Wagen mit Speichenrädern gehören außerdem zum Motivschatz der Felsbilder im norditalienischen Val Camonica, einem etwa 80 Kilometer langen Talabschnitt des Oglio zwischen Tonalepaß und Iseosee.

In der Spätbronzezeit ab etwa 1200 v. Chr. waren Wagen in der von Ungarn bis Frankreich verbreiteten Urnenfelder-Kultur im Einsatz, wie Reste hölzerner und bronzener Räder sowie von Wagenbeschlägen in Gräbern belegen. Auch im Leben der Skythen in Transkaukasien spielten Wagen eine große Rolle. Die Frauen und Kinder dieser kriegerischen Nomaden wohnten in von Rindern gezogenen Fahrzeugen mit ein bis drei Räumen und Wänden aus Filz, während die Männer meistens zu Pferde ritten. Tonmodelle solcher skythischer Nomadenwagen sind in Gräbern aus der Zeit nach 1000 v. Chr. gefunden worden, beispielsweise in Mengecaura am rechten Ufer des Flusses Kura.

Bei den hochentwickelten Kulturen im östlichen Mittelmeerraum, die zu Beginn der Bronzezeit auf dem Seeweg Expeditionen zur Erzsuche nach Westeuropa entsandten, nahm die Schiffahrt zweifellos eine wichtige Stellung ein. Ihre Seefahrer waren schließlich schon fähig, Schiffe mit großer

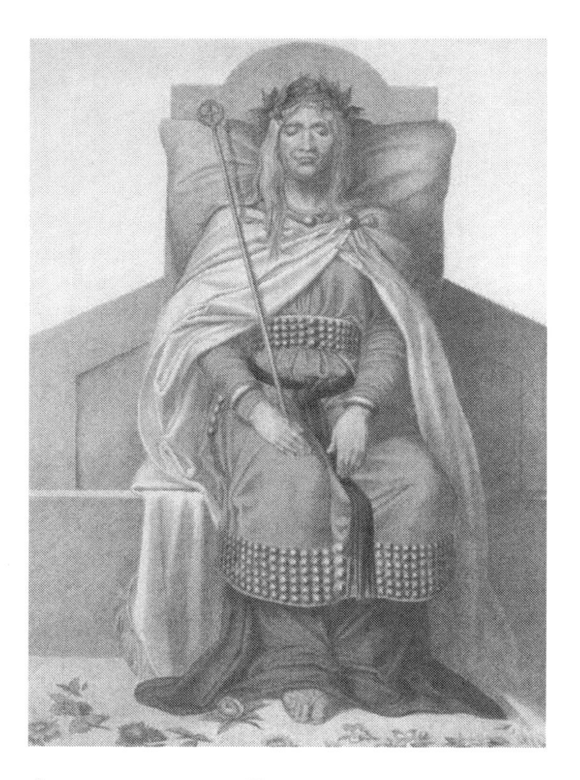

So genannte »weise Frau«
aus dem mittelbronzezeitlichen Grabhügel 24
im Königswiesener Forst (Kreis Starnberg) in Bayern.
Wandbild des Münchener Historienmalers
und Altertumsforschers
Julius Naue (1832–1907) von 1894.
Reproduktion aus: »Deutschland in der Bronzezeit« (1996)
von Ernst Probst (Foto: Prähistorische Staatssammlung, München)

Mannschaft auf einer küstennahen Route im Mittelmeer zu fernen Gestaden zu rudern.
Ähnlich tüchtige Seefahrer lebten offenbar ab etwa 1600 v. Chr. auch in Südskandinavien. Ohne ihre Aktivitäten sind die völlig übereinstimmenden Funde von Werkzeugen, Waffen und Schmuck beiderseits der Nord- und Ostsee nicht erklärbar. Die auf skandinavischen Felsbildern und bronzenen Rasiermessern jener Zeit dargestellten Schiffe trugen noch keine Segel, wurden also durch Ruder oder Paddel vorwärts bewegt. Mit ihren hochgezogenen, von Spiralen und Tierköpfen gekrönten Steven erinnern diese Gefährte an die sehr viel später konstruierten Drachenschiffe der Wikinger. Auf den ersten Blick ähneln die Darstellungen manchmal eher einem Schneeschlitten, doch Steuerruder und paddelnde Männer schließen eine solche Vermutung aus.
Im Binnenland Europas benutzte man, wie Funde aus Seeufersiedlungen in Deutschland, Österreich und der Schweiz beweisen, Einbäume als Wasserfahrzeuge. Sie wurden durch das Aushöhlen von dicken Baumstämmen geschaffen.
Die Bekleidung für den Alltag ist in der Bronzezeit vermutlich fast in jedem Haushalt selbst hergestellt worden. Nur die privilegierten Anführer und Priester ließen sich wahrscheinlich besonders prächtige Gewänder anfertigen. Funde von Spinnwirteln, Webstuhlgewichten und Nähnadeln in Frauengräbern lieferten Hinweise dafür, daß das Spinnen von Wolle und das Weben von Stoffstücken mit Webstühlen wohl zum Aufgabenbereich der Frauen gehörte.

Reich bemalte Tonfiguren aus der Mittelminoischen Kultur von Kreta um 2000 bis 1700 v. Chr. führen uns die damaligen Garderoben vor Augen. Demnach begnügten sich die Männer mit einer kurzen Schürze. Die Frauen mit Wespentaille betörten mit einer langen »Krinoline«, die raffinierterweise die Beine bedeckte, jedoch die Brüste unverhüllt zur Schau stellte.
Über die in Nordeuropa übliche Garderobe sind die Prähistoriker besonders gut durch die unter günstigen Umständen erhaltenen Kleidungsreste in Baumsärgen der nordischen Bronzezeit unterrichtet. Nach diesen Funden zu schließen, hatten die Männer keine Hosen an. Dieses Kleidungsstück war in der Bronzezeit allgemein unbekannt. Die Männer trugen einen von der Schulter bis zu den Knien reichenden Rock, der die Schultern nicht bedeckte, von Schulterriemen gehalten und in der Hüfte geschnürt wurde. Als Kopfbedeckung gab es verschieden hohe Filzmützen. Die Füße steckten in sandalenartigen Schuhen mit an den Unterschenkeln kreuz-weise gebundenen Lederriemen.
Die Frauen zogen eine einfache Bluse mit halblangen Ärmeln und einen langen weiten Rock an. Der Rock bestand aus einem einzigen Stück Gewebe. Er wurde um die Hüfte geschlungen und von einem Stoffgürtel zusammengehalten. Ob Unterwäsche üblich war, ist unbekannt. Mädchen waren mit einem sehr kurzen Fransenrock bekleidet, der viel Bein zeigte. Zum Gürtel aus Stoff oder Leder gehörte häufig ein bronzener Gürtelhaken als Verschluß.
Für die wohl unter großem Zeitaufwand zurechtgemachte kunstvolle Frisur wurde ein Netz verwendet. Kämme waren

nichts Neues mehr, da diese Toilettegegenstände seit der Jungsteinzeit bekannt sind. Ab der Mittelbronzezeit kamen bronzene Rasiermesser für die Männer und bronzene Pinzetten zum Entfernen lästiger Haare auf.
Wegen der zahlreichen golden glänzenden Bronzeerzeugnisse – darunter auffallend viel Schmuck –, des relativ häufig vorkommenden Goldschmucks sowie einiger anderer Kriterien wird die Bronzezeit zuweilen als das »goldene Zeitalter« der Urgeschichte bezeichnet. In manchen bronzezeitlichen Kulturen waren vor allem die Frauen über und über mit Schmuck behängt.
So trugen die Frauen der frühbronzezeitlichen Aunjetitzer Kultur in Tschechien und der Slowakei bronzene oder goldene Ohrgehänge, Halsketten aus Bernstein- oder Bronzeperlen oder mit Röhrchen aus gerolltem Bronzeblech oder -draht, Halsringe, Gewandnadeln, Armringe oder -spiralen, Manschettenarmbänder, Anhänger und Fingerringe aus Bronze- oder Golddraht.
Nicht minder geschmückt waren die Frauen der Lüneburger Gruppe in der mittleren Bronzezeit. Damals wurden den Damen die Hals-, Arm- und Beinringe vermutlich angeschmiedet, weil man diese wegen der Sprödigkeit der Bronze nicht wiederholt aufbiegen konnte. In der Spätbronzezeit kam zu all diesem Gefunkel noch klappernder Anhängerschmuck dazu, der wohl weniger dazu gedacht war, Aufsehen bei den Männern zu erregen, als vielmehr Unheil von der Trägerin fernzuhalten. Neben Schmuck aus Bronze gab es aber weiterhin solchen aus Stein, Knochen und Geweih.

Bild auf Seite 27:

Ein aufregender Moment im Leben jeder jungen Frau
war das Anschmieden
von bronzenen Hals-, Arm- und Beinringen.
Denn diese Schmuckstücke
wurden in heißem Zustand angebracht,
wobei es zu Verbrennungen oder Verletzungen
kommen konnte.
Zeichnung von Friederike Hilscher-Ehlert, Königswinter,
für das Buch »Deutschland in der Bronzezeit« (1996)
von Ernst Probst

Zu den herrlichsten Kunstwerken der Bronzezeit in Europa gehören die Fresken und Stuckreliefs der Minoischen Kultur an den Wänden der Paläste von Knossos und Hagia Triada auf Kreta. Mitteleuropa hat ihnen nichts Gleichartiges entgegenzusetzen. Diese Kunstwerke zeigen Szenen von Palastfesten, Becherträger, Stiere, die Motive »Prinz mit Federkrone« und »Kleine Pariserin« (»petite Parisienne«), womit ein besonders attraktives Frauenbildnis gemeint ist. Die Kleinplastiken aus Bronze, Fayence (Ton mit bemalter Zinnglasur) und Elfenbein stellen betende Frauen und Männer, Priesterinnen mit Schlangen sowie Athleten bei Stierwettkämpfen dar.

Faszinierende Einblicke in das Leben während der Bronzezeit in Europa erlauben daneben vor allem die eingepickten Felsbilder in Frankreich, Italien, in der Schweiz, Schweden, Finnland und Norwegen. Sie informieren über Werkzeuge, Waffen, Jagd, Ackerbau, Viehzucht, Kleidung, Verkehrswesen, Musik, Tanz und Religion.

Die Felsbilder im südfranzösischen Alpental von Marvels beispielsweise zeigen Einritzungen von Bronzedolchen, gehörnten Menschenfiguren und allerlei Symbolen religiösen Inhalts. Die bereits erwähnten Felsbilder im norditalienischen Val Camonica, etwa 80 Kilometer von Brescia entfernt, lassen unter anderem zweirädrige Wagen erkennen. Auf einem Felsbild im schweizerischen Kanton Graubünden sind zahlreiche Symbole, Tiere und ein Reiter zu sehen.

Die Felsbilder in Skandinavien (Schweden, Finnland, Norwegen) zeigen Waffen (Äxte, Speere, Schwerter, Schilde),

kämpfende Krieger, Jagdszenen mit Speer oder Pfeil und Bogen, Wildtiere (Lachs, Heilbutt, Wal, Robbe, Schlangen, Kraniche, Schwalben, Elche, Hirsche, Füchse, Bären) und Haustiere (vor Pflüge und vierrädrige Wagen gespannte Rinder, zweirädrige Streitwagen mit Pferden). Weitere Motive sind nackte Männer mit erigiertem Penis, Frauen mit langem Haar und langen Kleidern, Schiffe ohne und mit Besatzung, Lurenbläser, Tanzszenen und zahlreiche religiöse Motive.
Die auf den skandinavischen Felsbildern dargestellten Luren, eine Art von Bronzetrompeten, wurden offenbar nie einzeln, sondern stets paarweise oder gar zu viert geblasen. Sie sind vielleicht zuerst auf den dänischen Inseln hergestellt und verwendet worden, weil von dort besonders viele Funde vorliegen. In Norddeutschland gehören Lurenfunde zu den Ausnahmen.
Die aus mehreren Teilen bestehenden Luren gelten als Meisterwerke bronzezeitlicher Bronzegießer. Ihre Klänge erinnern an jene von Waldhorn und Tenorposaune. Möglicherweise sind sie zu Signalzwecken oder bei kultischen Anlässen verwendet worden. Aus Bronze bestanden auch Trommeln, die man aus Ungarn (Hazfalva) und vielleicht auch aus Schweden (Balkåkra) kennt, sowie Blashörner. Daneben wurde natürlich mit Instrumenten aus Holz (Flöten) musiziert, die aber nur in Ausnahmefällen bis heute erhalten blieben.
Zu Beginn der Bronzezeit ging man in Europa bei der Anfertigung von Tongefäßen und sowohl bei der Formung per Hand als auch bei der Verzierung und beim Brand noch mit großer Sorgfalt zu Werke. In manchen Gebieten

Bild auf Seite 31:

Auf einem Lebensbild von 1921
wurden die Menschen der Bronzezeit
als Jäger und Viehzüchter dargestellt.
Diese Zeichnung
stammt aus einem Buch
von Karl Schumacher (1860–1934),
dem damaligen Direktor
des Römisch-Germanischen Zentralmuseums,
Mainz.

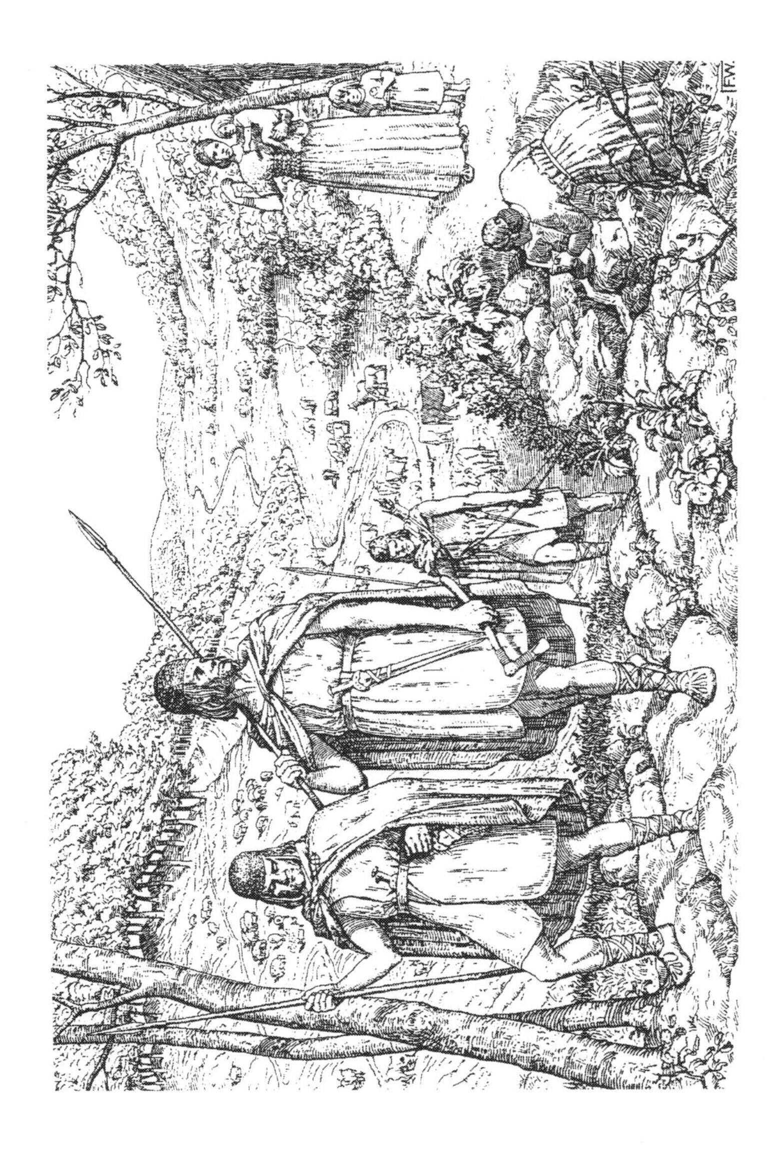

verkümmerte danach die Keramik immer mehr, worauf der Begriff »Kümmerkeramik« basiert. Ein wichtiger Grund dafür mag gewesen sein, daß die Bronze als Neuheit erhebliche Aufmerksamkeit erregte, zu vielfältigen Experimenten anregte und die irdenen Gefäße immer mehr in den Hintergrund drängte. Gebietsweise legte man aber auch in der Spätbronzezeit noch Wert auf eine qualitätvolle feine Keramik.

Das neue Metall löste bald den bis dahin für einige Werkzeuge und Waffen verwendeten Stein als Rohstoff ab und ermöglichte neue Formen, wie bronzene Meißel, Beile, Äxte, Dolche, Schwerter, Lanzen- und Pfeilspitzen. Neuschöpfungen gab es des weiteren bei den Schutzwaffen, nämlich bronzene Helme, Schilde, Panzer und Beinschienen. Manche Werkzeug- und Waffenformen waren typisch für bestimmte Stufen der Bronzezeit und dienen deshalb als wertvolle Hilfen für die Gliederung dieses Zeitalters.

Bei den Werkzeugen sind es vor allem die Beilklingen, die eine typologische Abfolge erkennen lassen. Beim sogenannten Randleistenbeil wurden an den Rändern Leisten mit angegossen, um der Schäftung einen besseren Halt zu verleihen. Die Beilklinge schob man in den hölzernen Schaft (Stiel) und band sie fest. Dieser Typ hatte den Nachteil, daß die Beilklinge mit jedem Schlag tiefer in die Schäftung gedrückt wurde. Deshalb entwickelte man das Absatzbeil, bei dem zwischen den Randleisten noch auf jeder Seite eine Querleiste (Absatz) angegossen ist, die für einen besseren Halt der Beilklinge in der Schäftung sorgte.

Eine weitere Verbesserung war das Lappenbeil, bei dem vier bronzene Lappen von den äußeren Randleisten her den Stiel umfaßten. Den Höhepunkt in dieser Entwicklungsreihe bildete das Tüllenbeil, bei dem man das kürzere Ende eines Astknies in die röhrenförmige Tülle der Beilklinge einführte. Eine noch festere Bindung erfolgte mittels eines Lederriemens, den man durch eine Öse am Tüllenbeil gezogen und am langen Stielende befestigt hat. Derartige typologische Abfolgen sind auch für Dolche, Schwerter und Gewandnadeln charakteristisch.
Zu Beginn der Bronzezeit waren in Mittel- und Nordeuropa bei den Waffen weiterhin Pfeil und Bogen sowie teilweise die steinerne Streitaxt in Gebrauch, daneben in manchen Kulturen auch prächtige, in Steinschlagtechnik angefertigte Feuersteindolche. Allmählich trat aber an die Stelle der steinernen immer mehr die bronzene Streitaxt, welche besonders in Nordeuropa bis zur Spätbronzezeit eine der Hauptwaffen war. In Ost- und Mitteleuropa wurden zu Anfang der Bronzezeit flache, kurze, sogenannte trianguläre Bronzedolche mit meistens aus Holz hergestelltem Griff üblich. Diese Waffe erfreute sich in der frühbronzezeitlichen Aunjetitzer Kultur Tschechiens, der Slowakei, Mitteldeutschlands und Niederösterreichs großer Beliebtheit. Aus den triangulären Dolchen entwickelten sich gegen Ende der Frühbronzezeit die Stabdolche (auch Axtdolche, Dolchstäbe oder Dolchäxte genannt), bei denen die bronzene Dolchklinge an einem bronzenen oder hölzernen Stab befestigt wurde. Sie hatten die Form einer Hiebwaffe, dürften aber eher Statussymbole oder Zeremonialgeräte gewesen sein.

Bronzene Lanzenspitzen kamen in Mitteleuropa gegen Ende der Frühbronzezeit in Mode. Vermutlich hat man diese Lanzen, die sowohl für Stöße als auch zum Werfen geeignet waren, hauptsächlich als Fernwaffen verwendet.
Die in Kleinasien schon um 2300 v. Chr. bekannten Bronzeschwerter sind in Europa erst ab der Mittelbronzezeit nachweisbar. Die ältesten Schwertfunde Europas stammen aus der Mykenischen Kultur in Griechenland um 1600 v. Chr. In Mitteleuropa setzten sich Bronzeschwerter kaum hundert Jahre später durch.
Die frühen Bronzeschwerter dienten als Stichwaffe (Rapier). Sie wurden in der Urnenfelder-Zeit ab etwa 1200 v. Chr. durch das Hiebschwert abgelöst. Bei den Stichschwertern war der Griff so kurz, daß der Daumen und der Zeigefinger auf dem Klingenansatz ruhten.
Das Schwert war aus dem Dolch hervorgegangen, dessen Klinge im Laufe der Zeit stetig verlängert wurde. Die Entwicklungsreihe der Schwerter begann mit Griffplattenschwertern, die mit einer trapezförmigen oder runden Griffplatte versehen sind. Ein anderer Typ wird Griffzungenschwert genannt. Hierbei ist die Klinge an dem der Hand zugewandten Teil zumeist in Form einer Griffzunge fächerartig erweitert. Die Griffzunge weist Löcher auf, in denen mit Nieten der bronzene oder hölzerne Griff befestigt wurde. Eine weitere Form ist das Vollgriffschwert, bei dem der massive (volle) bronzene Griff mitsamt Klinge aus einem einzigen Stück gegossen wurde.
Je nach der Gestaltung des Griffes und nach besonders charakteristischen Formen von bestimmten Fundorten unter-

scheidet man noch verschiedene Schwerttypen. So gibt es Schwerter des Typs Riegsee (Fundort in Oberbayern), Dreiwulstschwerter oder Scheibenknaufschwerter, Schalenknaufschwerter, Antennenschwerter mit spiralig aufgerollten Knaufflügeln, die den Fühlern mancher Insekten gleichen, Möriger Schwerter, Auvernier-Schwerter (beide nach Fundorten in der Schweiz benannt) mit Einlagen am Bronzegriff sowie Griffdornschwerter, bei denen der Griff auf einem Dorn der Klinge aufsitzt.
Aus der Zeit nach 1500 v. Chr. ist aus Griechenland der erste Bronzepanzer bekannt. Er wurde in Dendra in der Argolis entdeckt. Solche Schutzkleidungen waren auch in der Spätbronzezeit eher Seltenheiten.
In der Spätbronzezeit kamen in Europa die frühesten bronzenen Helme, Schilde und Beinschienen auf. Zur Ausrüstung eines vornehmen Kriegers der spätbronzezeitlichen Urnenfelder-Kultur gehörten ein Bronze- oder Lederpanzer, ein innen mit Leder gefütterter Bronzehelm, der häufig mit einem Scheitelkamm und Wangenklappen versehen war, sowie ein Bronzeschild und bronzene Beinschienen. Diese Beinschienen sollten vermutlich Verletzungen verhindern, dürften aber andererseits bei der Fortbewegung zu Fuß recht unbequem gewesen sein. Anführer und andere höhergestellte Krieger verfügten damals wohl meistens über ein Reitpferd beziehungsweise einen zweirädrigen Streitwagen. Der Besitz von Reitpferden und Streitwagen ist vor allem durch Zaumzeug- und Wagenreste in Gräbern der Urnenfelder-Kultur belegt.

Bild auf Seite 37:

Berittener Krieger der Urnenfelder-Kultur
mit Angriffswaffen (Schwert, Lanze)
und Schutzwaffen (Helm, Brustpanzer, Schild, Beinschienen),
wie sie an verschiedenen Fundorten in Österreich
und im übrigen Europa zum Vorschein kamen.
Zeichnung von Friederike Hilscher-Ehlert, Königswinter,
für das Buch »Deutschland in der Bronzezeit« (1996)
von Ernst Probst

Ein interessantes Phänomen der Bronzezeit in Europa beruht auf dem radikalen Wechsel der Bestattungssitte. Der jeweilige Modewandel wurde vielleicht durch neue religiöse Ideen, sich vertiefende Kontakte zu fremden Kulturen oder durch kriegerische Ereignisse ausgelöst.
Die Angehörigen der frühbronzezeitlichen Kulturen Mitteleuropas bestatteten ihre Toten vorwiegend in Flachgräbern in der sogenannten Hockerlage, bei der die Beine der Verstorbenen zum Körper hin angezogen wurden. Diese charakteristische Körperlage hat zu der Bezeichnung Hockergräber-Kultur oder Hockergräber-Bronzezeit geführt, die heute kaum noch gebräuchlich ist, weil es auch in anderen Zeiten Hockerbestattungen gab.
In der Mittelbronzezeit errichteten die Menschen einiger Kulturen in Europa große Erdhügelgräber mit bis zu 50 Meter Durchmesser und maximal zehn Meter Höhe über ihren in ausgestreckter Lage bestatteten Toten. Daher stammt der Begriff Hügelgräber-Kultur oder Hügelgräber-Bronzezeit.
Ein noch krasserer Wandel des Bestattungsrituals vollzog sich in Europa in der Spätbronzezeit, ab der unvermittelt weithin die Verstorbenen verbrannt und ihre Überreste in Urnen bestattet wurden. An diese neue Bestattungsart erinnert der Name Urnenfelder-Kultur oder Urnenfelder-Zeit. Die Brandbestattung setzte sich damals auch in der nordischen Bronzezeit ab etwa 1200 v. Chr. durch.
Das Totenbrauchtum der Bronzezeit in Europa hatte viele Varianten. Die Angehörigen einiger Kulturen bestatteten ihre Toten in mühsam ausgehöhlten Baumsärgen. Seltsamerweise

geschah dies sogar dann noch, als man bereits zur Verbrennung der Verstorbenen übergegangen war. In anderen Kulturen »bezogen« die Toten aufwendige hölzerne Totenhäuser, die stehengelassen oder niedergebrannt wurden. Bei manchen Kulturen legte man großen Wert darauf, die Toten so zu betten, daß sie mit dem Gesicht zur aufgehenden Sonne im Osten blickten.

In etlichen Kulturen herrschte anscheinend der Brauch vor, daß Diener, Witwen oder Kinder vornehmen Verstorbenen in den Tod folgen mußten, um ihnen im Jenseits Gesellschaft zu leisten. Die vielfach üblichen Beigaben von Tongefäßen, zum Teil wohl einst mit Speise und Trank gefüllt, von Werkzeugen, Waffen und kostbarem Schmuck deuten darauf hin, daß es den Verstorbenen auch im Grab an nichts fehlen sollte. Man glaubte also an ein Leben nach dem Tod. Dies gilt ebenfalls für die Zeit, in der die Verbrennung der Toten überwog.

Wie in der vorhergegangenen Jungsteinzeit dominierten in Europa auch in den Religionen der Bronzezeit bäuerliche Fruchtbarkeits- und Naturkulte. Vor allem die Verehrung der Sonne, die teilweise bereits in der Jungsteinzeit praktiziert wurde, spielte eine große Rolle. In manchen Kulturen wurden vermutlich auch Krieger und Kriegsgötter verherrlicht. Viele Stämme opferten zu bestimmten Anlässen neben Tongefäßen, Werkzeugen, Waffen, Schmuck und Tieren sogar lebende Menschen, um Gottheiten für ihre Anliegen gnädig zu stimmen.

Zu den frühesten bronzezeitlichen Fruchtbarkeitskulten in Europa zählt derjenige der Minoischen Kultur auf Kreta. Die

Bild auf Seite 41.

Bestattung eines bedeutenden Toten der Urnenfelder.Kultur
von Poing (Kreis Ebersberg) in Bayern.
Ihm wurden Teile eines vierrädrigen Prunkfahrzeugs
mit ins Grab gelegt –
eine Sitte, die außer in Bayern
auch in Baden-Württemberg und Hessen belegt ist.
Zeichnung von Friederike Hilscher-Ehlert, Königswinter,
für das Buch »Deutschland in der Bronzezeit« (1996)
von Ernst Probst

Menschen dieser Kultur beteten zur großen Fruchtbarkeits- und Erdgöttin, die zudem als Herrin der ungezähmten Natur und der Unterwelt galt. Ihr heiligstes Tier war die Schlange. Auch in der zeitlich jüngeren Mykenischen Kultur Griechenlands praktizierte man einen Fruchtbarkeitskult, bei dem weiblichen und männlichen Götterbildern (Idolen) gehuldigt wurde, die Fruchtbarkeit symbolisierten.
Der Sonnenkult erreichte in Ägypten eine besonders hohe Blüte. Dort genoß der Sonnengott Amun Re als König unzähliger Götter und Vater der Pharaonen höchste Verehrung. Als Pharao Amenophis IV., der Gatte von Nofretete, 1364 v. Chr. die sichtbare Sonnenscheibe (Aton) zum einzigen Gott und sich selbst zu dessen Propheten erklärte, leisteten die treuen Anhänger von Amun Re so starken Widerstand, daß sich die neue Idee nicht lange halten konnte.
Das großartigste mit dem Sonnenkult verbundene Bauwerk Europas in der Bronzezeit ist die in ihren Anfängen bis in dritte vorchristliche Jahrtausend zurückreichende Steinkreisanlage von Stonehenge bei Salisbury in Südengland. Sie diente noch in der Frühbronzezeit bei bestimmten Anlässen, etwa der Sonnenwende, als Schauplatz kultischer Handlungen.
Die Anlage Stonehenge I entstand bereits in der ausgehenden Jungsteinzeit. Stonehenge II dagegen wird von den Prähistorikern in die Frühbronzezeit datiert. Dabei handelte es sich um zwei Steinkreise, von denen der größere den kleineren umgab. Dafür mußten bis zu 20 Meter hohe Steinblöcke aufgerichtet werden. An diese Steinkreise schloß sich eine zwei Kilometer lange Allee von Menhiren (Steinsäulen) an.

Stonehenge III ist die heute noch sichtbare Anlage. Sie bestand aus einem äußeren Kreis von 30 riesigen Monolithen. Auf je zweien dieser Steine ruhte ursprünglich ein waagrechter Block, so daß jeweils ein sogenannter Trilith (Dreistein) gebildet wurde. Der äußere Kreis faßt einen kleineren Zirkel von ähnlichem Aussehen ein. Das Zentrum wird durch einen hufeisenartigen Komplex von Steinen gebildet, der den sogenannten »Altarstein« umrahmte. Auf einigen Steinen von Stonehenge III kann man Gravierungen erkennen.
Geheimnisvolle Zeugen von der Anbetung der Sonne in Europa sind die goldenen Kultpfeiler (»goldene Hüte«) aus Deutschland (Schifferstadt, Etzelsdorf) und Frankreich (Avanton) aus der Zeit zwischen etwa 1400 und 1000 v. Chr. Diese aus hauchdünnem Goldblech in unsäglich vielen Arbeitsstunden angefertigten Kultobjekte haben vermutlich Holzpfähle gekrönt und – wenn das Sonnenlicht auf sie traf – kilometerweit sichtbar die Menschen in ihren Bann gezogen.
Auf besonders viele Hinweise bezüglich der Ausübung des Sonnenkults stieß man unter den Relikten der nordischen Bronzezeit in Südskandinavien und Norddeutschland. Dort entdeckte man nicht nur Felsbilder mit Darstellungen des Sonnenkults, sondern auch bronzene Kultwagen mit aufmontierten vergoldeten oder bronzenen Sonnenscheiben, die bei feierlichen Prozessionen mitgeführt wurden.
Als berühmtester dieser Kultwagen gilt der 60 Zentimeter lange Sonnenwagen von Trundholm bei Nykøbing auf Seeland in Dänemark: Ein bronzenes Pferd auf vier Rädern zieht ein zweirädriges Gefährt mit einer anderthalb Kilogramm

Foto auf Seite 45:

»Goldener Hut« aus der Zeit der Urnenfelder-Kultur
vor etwa 1000 bis 800 v. Chr.
von einem unbekannten Fundort
in Süddeutschland oder in der Schweiz.
Gesamthöhe 74,5 Zentimeter.
Original im Berliner Museum für Vor- und Frühgeschichte.
Der Fund wird wegen seines Aufbewahrungsortes
als »Berliner Goldhut« bezeichnet.

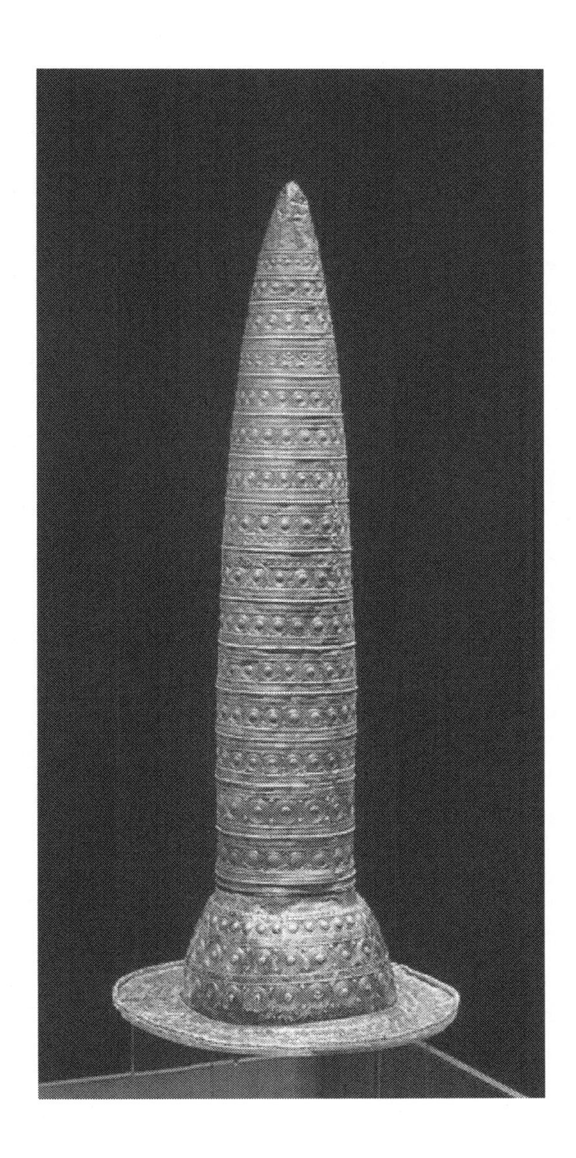

schweren, einseitig mit Gold überzogenen Bronzescheibe. Vielleicht symbolisierte die vergoldete Seite der Sonnenscheibe den Tag und die unvergoldete die Nacht. Die Vorstellung, daß die Sonne mit einem Pferdewagen über den Himmel fährt, wird durch viele Mythen überliefert.

Die Trundholmer Sonnenscheibe ist auf beiden Seiten mit eingravierten Spiralen und konzentrischen Kreisen verziert. In der Schwanztülle des Pferdes klebten bei der Auffindung noch Pechreste, vielleicht steckten in ihr einst echte Roßhaare. Fragmente von Sonnenwagen kamen des weiteren in Jægersborg Hegn auf Seeland und in Tågaborg auf Schonen in Schweden zum Vorschein.

Im Zusammenhang mit dem Sonnenkult haben vielleicht auch aufwendig verzierte Scheiben und Gefäße aus hauchdünnem Goldblech gestanden, die in Deutschland gefunden wurden. Goldgefäße kennt man aus verschiedenen bronzezeitlichen Kulturen.

Auf skandinavischen Felsbildern kommt der Sonnenkult in Szenen zum Ausdruck, die Sonnensymbole in Form vier- oder mehrspeichiger Räder wiedergeben. Solche Sonnensymbole wurden auf Schiffen transportiert, von Männerfiguren getragen und von Betenden (Adoranten) verherrlicht. Als Götterbilder diskutiert man die sehr zahlreichen Darstellungen von Fußsohlen. Die unsichtbare Gottheit durfte vielleicht nur auf diese Weise angedeutet werden. Auch die vielfach leeren Schiffe und Wagen versucht man mit der Ankunft des unsichtbaren Gottes, versinnbildlicht durch sein leeres Transportmittel, zu erklären.

Mit dem Kult in Verbindung gebracht werden auch andere Darstellungen seltsamer Szenen. Dazu gehört ein Felsbild von Kallsängen in Schweden, auf dem Männer mit Vogelköpfen und Schwingen als Kraniche verkleidet sind. Ein Felsbild von Gerum in Schweden könnte ebenfalls kultische Aktivitäten zum Thema haben: Einige an Seilen hängende Männer lassen sich von der Spitze eines hohen Mastes immer tiefer herunter und wirbeln um diesen in zunehmend größeren Spiralen herum, bis sie fast den Boden berühren. Auf der Mastspitze steht ein Mann mit erhobenen Händen. Auch die am Fuße des Mastes tanzenden Menschen haben die Hände nach oben gerichtet. Es hat den Anschein, daß die Angehörigen der in Europa weitverbreiteten spätbronzezeitlichen Urnenfelder-Kultur ebenfalls Anhänger des Sonnenkults waren. Denn auch deren Werkzeuge, Waffen, Schmuckstücke und Kultobjekte sind sehr häufig mit Kreis- und Spiralverzierungen versehen, die man als Sonnensymbole interpretiert.

Ereignisse während der Bronzezeit

Vor 2500 v. Chr.: In Mesopotamien, Ägypten und auf der Mittelmeerinsel Kreta nimmt die Bronzezeit ihren Anfang.
Um 2500 v. Chr.: Auf Kreta beginnt die nach dem legendären König Minos benannte Minoische Frühzeit. Minos gilt in der griechischen Mythologie als Sohn des Göttervaters Zeus und der Europa.
2300 v. Chr.: In weiten Teilen des südlichen Mitteleuropas beginnt die Frühbronzezeit (bis 1600 v. Chr.).
Ab 2300 v. Chr.: Troja II wird erbaut. Aus dieser Zeit stammt der »Schatz des Priamos« .
Um 2200 v. Chr.: Die ursprünglich südlich des Vansees beheimateten Churriter (Hurriter) treten erstmals in Nord-Assyrien auf.
2155 v. Chr.: Während der Regierungszeit von Pharao Phiops II. bricht das Alte Reich in Ägypten zusammen.
2134-2040 v. Chr.: In der sogenannten Zwischenzeit zerfällt in Ägypten das Reich in das kulturell hochstehende Unterägypten mit dem Zentrum Herakleopolis und in das von Streitigkeiten thebanischer Fürsten betroffene Oberägypten.
2047 v. Chr.: Der neusumerische König Urnammu (Ur-Nammu) gründet die 3. Dynastie in Ur. Der erste »König von Akkad und Sumer« schuf von Ur aus ein zentral verwaltetes Reich in Babylonien.

2040 v. Chr.: Der thebanische Pharao Mentuhotep I. erobert Unterägypten und vereinigt die Reiche Ober- und Unterägypten. Damit beginnt das Mittlere Reich in Ägypten.

2000 v. Chr.: Auf der Mittelmeerinsel Kreta beginnt die Mittelminoische Kultur (bis 1400 v. Chr.). Dies ist die Zeit der fürstlichen Stadtpaläste.

2000 v. Chr.: Die Amoriter und die Kanaanäer wandern nach Mesopotamien ein, zerstören Ur und bilden die Kleinstaaten Isin, Larsa und Babylon.

Um 2000 v. Chr.: Die Churriter (Hurriter) erscheinen im Ost-Tigrisland.

1950 v. Chr.: Auf dem griechischen Festland wandern die Ionier und Aioler (auch Achaier genannt) ein. Damit beginnt die Mittelhelladische Epoche, die bis etwa 1600 v. Chr. dauert.

1894 v. Chr.: Samuabum begründet die Dynastie der der in der Bibel erwähnten Amoriter (Ostkananäer). Das Altbabylonische Reich beginnt.

1878 v. Chr.: Der ägyptische Pharao Sesostris III. erobert Nubien.

Um 1800 v. Chr.: Fürst Anitta erobert die Stadt Hattusa in Anatolien und gründet das Reich der Hethiter (Hatti).

1792 v. Chr.: Der König der Amoriter, Hammurabi (auch Chammurapi oder Hammurapi genannt), gründet durch Kriegszüge und geschickte Bündnispolitik ein ganz Mesopotamien umfassendes Reich. Auf ihn geht der Kodex Hammurabi, die wichtigste Rechtssammlung des Alten Orients, zurück.

1650 v. Chr.: In Ägypten beginnt die sogenannte 2. Zwischenzeit. Während dieses Abschnittes herrschen die 15. bis 17. Dynastie bis 1552 v. Chr. In dieser Zeit fallen die Hyksôs im Osten des Nildeltas in Ägypten ein. Sie bringen Pferde und Kampfwagen mit und bilden eine eigene Herrenschicht. Von der Hauptstadt Auaris aus regieren die Hyksôs als 15. und l6. Dynastie (sogenannte Große und Kleine Hyksôs) über Ägypten.
1640 v. Chr.: König Labarna I. gründet das Alte Hethiterreich mit der Hauptstadt Kussara. Dessen Nachfolger Hattusili I. verlegt die Residenz nach Hattusa.
1600 v. Chr.: Auf der Mittelmeerinsel Kreta beginnt die Spätminoische Kultur (bis 1400 v. Chr.).
1600 v. Chr.: Auf dem griechischen Festland beginnt die Späthelladische Epoche.
1600 v. Chr.: Im südlichen Mitteleuropa beginnt die Mittelbronzezeit – gebietsweise auch Hügelgräber-Bronzezeit genannt (bis 1300/1200 v. Chr.).
1600 v. Chr.: In Norddeutschland und im südlichen Skandinavien beginnt die ältere nordische Bronzezeit (bis 1200 v. Chr.).
1595 v. Chr.: Der Hethiterkönig Mursilis I. stürzt die Dynastie der Amoriter in Babylon, womit das Altbabylonische Reich endet. Nach dem Rückzug der Hethiter herrschen die iranischen Kassiten in Babylon.
1551 v. Chr.: Das Neue Reich in Ägypten beginnt. Während dieser Zeit herrschen die l8. bis 20. Dynastie bis 1070 v. Chr. Pharao Ahmose vertreibt große Teile der Hyksôs nach Pa-

lästina und begründet die 18. Dynastie. Dessen Nachfolger Amenophis I. und Thutmosis I. vergrößern das Reich bis zum 3. Nilkatarakt (Stromschnelle) im Süden und bis zum oberen Euphrat im Norden.
Um 1550 v. Chr.: Die Arier fallen in die Gangesebene und danach in zwei Wellen auch in den Iran (Land der Arier) ein.
Um 1500 v. Chr.: Die Churriter (Hurriter) gründen das Reich Mitanni (Chanigalbat oder Land Churri genannt). Es erstreckt sich bis an die Grenzen des Hethiterreiches und des ägyptischen Reiches in Nordostsyrien. Hauptstadt ist Wassukanni.
1490 v. Chr.: Thutmosis III. wird Pharao in Ägypten. Wegen dessen Minderjährigkeit übernimmt Hatschepsut (die Witwe des vorherigen Pharaos Thutmosis II.) die Regentschaft. 1488 tritt Hatschepsut in die vollen Rechte Pharaos ein.
Ab 1468 ist Thutmosis III. Alleinherrscher in Ägypten. Das Ende von Hatschepsut ist unklar. Im selben Jahr besiegt Thutmosis III. in der Schlacht bei Meggido die Syrer und Palästinenser und erobert Phönikien und Palästina.
1450 v. Chr.: Ein Vulkanausbruch auf der Mittelmeerinsel Santorin (Thera) verursacht eine verheerende Flutwelle.
1450 v. Chr.: Krieger aus Mykene vom griechischen Festland besetzen auf der Mittelmeerinsel Kreta die Hauptstadt Knossos.
1402 v. Chr.: Ägypten schließt Frieden mit dem Mitanni-Reich der Churriter (Hurriter).
1400 v. Chr.: Die Minoische Kultur auf Kreta geht unter. Der Palast von Knossos wird durch ein Erdbeben oder durch die Achaier vom griechischen Festland zerstört.

Ab 1400 v. Chr.: Nach einer kurzen Blüte der achaischen Burgen-Kultur auf dem griechischen Festland erfolgt ein »Rückfall in die Steinzeit«. Die nomadischen Ackerbauern kommen mit der Ackerbauwirtschaft der eroberten Gebiete nicht zurecht.
1380 v. Chr.: König Suppiluliuma I. (Schuppililiuma) festigt die Herrschaft der Hethiter in Anatolien, führt Kriegszüge gegen die Churriter (Hurriter), bei denen er weit nach Nordmesopotamien und Nordsyrien vorstößt, und gründet so ein Großreich.
1364 v. Chr.: Der ägyptische Pharao Amenophis IV., der mit Nofretete verheiratet ist, erklärt die Sonnenscheibe (Aton) zum einzigen Gott. Als Prophet Atons nennt er sich Echnaton und verlegt seine Residenz nach Achet-Aton (»Lichtberg des Aton« – Al Amarna). Als die gewaltsame Durchsetzung dieser Neuerungen scheitert, stürzt Ägypten außen- und innenpolitisch in eine schwere Krise. Nach dem Tod Echnatons werden die alten Kulte wieder eingeführt.
Um 1362 v. Chr.: Assur-Ubalit I. von Assur erkämpft die Unabhängigkeit vom Mitanni-Reich der Churriter. Damit schafft er die Grundlagen für das assyrische Weltreich.
1355 v. Chr.: Kriegerische Einfälle der Hethiter und Assyrer besiegeln das Ende des Mitanni-Reiches der Churriter.
1306 v. Chr.: In Ägypten beginnt die Ramessiden-Zeit (19. bis 20. Dynastie), in der bis 1070 v. Chr. mehrere Pharaonen mit dem Namen Ramses regieren.
1300/1200 v. Chr.: Im südlichen Mitteleuropa beginnt die Spätbronzezeit (bis 800 v. Chr.).

1290 v. Chr.: Die Herrschaft des ägyptischen Pharaos Ramses II. beginnt. Er gründet im Osten des Nildeltas die neue Residenz Ramses-Stadt.
1285 v. Chr.: In der Schlacht von Kadesch am Fluß Orontes werden die Ägypter unter Pharao Ramses II. bei einem Vorstoß nach Syrien von den Hethitern zurückgeschlagen.
1270 v. Chr.: Der ägyptische Pharao Ramses II. und der Hethiterkönig Hattusil schließen einen Nichtangriffspakt und ein Bündnis. Syrien wird geteilt, der Fluß Orontes bildet die Grenze.
1250 v. Chr.: Die Israeliten ziehen unter der Führung von Moses aus Ägypten. Der Auszug wird als Exodus bezeichnet. Hierüber berichtet das 2. Buch Mose.
1240 v. Chr.: Die Mykener zerstören die von dem griechischen Dichter Homer genannte Stadt Troja (Ilion). Deren Ruinenhügel (Hisarlik) wurde durch Heinrich Schliemann aufgrund der Angaben Homers entdeckt und 1870 bis 1894 ausgegraben.
1230 v. Chr.: Barbaren aus dem Norden wandern nach Griechenland ein, zerstören die Festungen und Paläste und plündern die Kuppelgräber. Damit geht die Mykenische Kultur auf dem griechischen Festland unter.
1200 v. Chr.: In Norddeutschland und im südlichen Skandinavien beginnt die mittlere nordische Bronzezeit (bis 1100 v. Chr.).
1200 v. Chr.: Die Dorer, die sich um 2000 v. Chr. im nordgriechischen Bergland niedergelassen haben, rücken zur Peleponnes vor und setzen teilweise auf die Mittelmeerinseln

Kreta und Rhodos über. Teile der mykenischen Griechen, die Achaier, wandern nach Lesbos und in die Aiolis. Die Ionier behalten Attika, Euböa und die Kykladen und besiedeln die Westküste Kleinasiens.
1200 v. Chr.: »Seevölker« unbekannter Herkunft vernichten das Hethiterreich.
1200 v. Chr.: Die Israeliten teilen das eroberte Ost- und Westjordanland unter ihre zwölf Stämme auf. Damit beginnt die »Zeit der Richter".
1200 v. Chr.: Die Philister gelangen mit der Wanderung der »Seevölker" an die Grenzen Ägyptens. Sie gründen an der Mittelmeerküste Palästinas den Fünfstädtebund Philistäa. Er umfaßte die Städte Gasa, Ashdod, Askalon, Ekron und Gath.
Etwa 1200–1100 v. Chr.: Die Italiker und Illyrer wandern in das Gebiet des heutigen Italien ein.
1184 v. Chr.: Der ägyptische Pharao Ramses III., der Begründer der 20. Dynastie, drängt die Lybier und die »Seevölker" an der ägyptischen Ostgrenze zurück, muß aber Palästina aufgeben.
1160 v. Chr.: Die Elamiter bereiten der Herrschaft der Kassiten in Babylon ein Ende.
1128 v. Chr.: Der babylonische König Nebukadnezar I. – in der Bibel Nabuchodonosor genannt – verjagt die Elamiter und sichert vorübergehend die Einheit des Babylonischen Reiches.
1192 v. Chr.: Unter König Tiglatpileser I. wird Assur erneut zur Weltmacht.
1100 v. Chr.: In Norddeutschland und im südlichen Skandina-

vien beginnt die jüngere nordische Bronzezeit (bis 800 v. Chr.).
Um 1100 v. Chr.: Phönizische Seefahrer und Kaufleute gründen an der spanischen Südküste die Kolonie Gadis (das heutige Cadiz).
1075 v. Chr.: Das Neue Reich in Ägypten geht zu Ende. Ägypten zerfällt in zwei Machtbereiche: denjenigen der Hohenpriester des Gottes Amun in Theben und den der Pharaonen in Tanis.
1054 v. Chr.: Die Aramäer fallen in Assur ein und führen dessen Niedergang herbei.
1050 v. Chr.: Der Druck der Philister und Ammoniter eint die zwölf Stämme Israels, deren erster König Saul wird.
1004 v. Chr.: Israels König Saul stirbt im Kampf gegen die siegreichen Philister. Sein Nachfolger wird David, der die Philister bezwingt und die bisher unbezwingbare Stadtburg der Jebusiter namens Jebus einnimmt. Jebus wird in »Davids Stadt« (Jerusalem) umbenannt und Hauptstadt.
Um 1000 v. Chr.: In Nord-Guatemala (Péten), auf der Halbinsel Yucatan und in Honduras blüht die voreuropäische Kultur der Mayas.
1000 v. Chr.: Tyros übernimmt die Führung im Stadtstaatenbund Phönikien.
969 v. Chr.: Phönikien erlebt unter König Hiram von Tyros eine Blütezeit.
964 v. Chr.: Nach dem Tod Davids wird dessen Sohn Salomo neuer König der Israeliten. In seiner Regierungszeit reicht Israel – mit Ausnahme Philistäas – von der Küste des Mittel-

meeres bis zum Euphrat und im Süden bis an die Grenzen Ägyptens.
Um 950 v. Chr.: Einwandernde Dorer gründen Sparta (Lakedaimon).
945 v. Chr.: Der lybische Söldnerführer Scheschonk I. begründet in Ägypten die 22. Dynastie. Die lybischen Dynastien behaupten sich bis 715 v. Chr. Nubier und Assyrer fallen in Ägypten ein.
932 v. Chr.: Unter König Assur-Dan II. und dessen Nachfolgern erlebt Assyrien einen neuen Aufstieg und eine neue Expansion.
926 v. Chr.: Nach dem Tod des israelitischen Königs Salomo zerfällt das Reich aufgrund von Gegensätzen zwischen den Nord- und Südstämmen in das Nordreich Israel und das Südreich Juda. Hauptstadt Israels wird zunächst Sichem, später Penuel, Tirza und Samuaria. Hauptstadt Judas war Jerusalem.
925 v. Chr.: Die Ägypter unter Pharao Scheschonk I. (in der Bibel Sisak genannt) plündern Jerusalem.
883 v. Chr.: Der assyrische König Assurnasipal II. kämpft erfolgreich gegen die Aramäer und bezwingt alle Völker bis zur phönikischen Küste. Kalach bei Ninive wird seine neue Residenz.
878 v. Chr.: König Omri baut Samaria zur Hauptstadt und zum religiösen Zentrum Israels aus.
871 v. Chr.: Die Könige Achab, der die phönikische Prinzessin Iesebel zur Frau nahm, und Joram führen in Israel phönikische Götter und den Baalskult ein. Baal hieß der semitische Wetter-

und Himmelsgott. Der Prophet Elias aus dem Südreich Juda bekämpft die Dynastie Omri.
845 v. Chr.: Jehu beseitigt in einer Revolution die israelitischen Könige Joram und Iesebel aus der Dynastie Omri und wird zehnter König von Israel. Außerdem verbietet er den phönikischen Baalskult. Um sich vor den Staaten Juda und Tyros zu schützen, entrichtet Jehu Tribut an die Assyrer.
814 v. Chr.: Die phönikische Stadt Tyros gründet am Golf von Tunis in Nordafrika die Kolonie Karthago. Sie dient als Zwischenstation für die phönikische Handelsflotte auf dem Weg nach Südspanien.
800 v. Chr.: In weiten Teilen Mitteleuropas endet die Bronzezeit und beginnt die Vorrömische Eisenzeit – auch Hallstatt-Zeit genannt (bis 400 v. Chr.).
500 v. Chr.: Auch in Skandinavien und in Norddeutschland endet die Bronzezeit. Im südlichen Mitteleuropa herrscht bereits die Vorrömische Eisenzeit (Hallstatt-Zeit).

Die genannten Jahreszahlen basieren weitgehend auf dem Buch »Hermes Handlexikon. Daten der Geschichte. Eine Chronologie wichtiger Daten und Ereignisse der Weltgeschichte in Text und Bild« von Bernhard Pollmann, Düsseldorf 1983.

Die Frühbronzezeit in Deutschland

Abfolge und Verbreitung der Kulturen und Gruppen

Die Frühbronzezeit (Bronzezeit A) wurde in Deutschland zunächst in eine ältere Stufe (A 1) und in eine jüngere Stufe (A 2) unterteilt. Jene Gliederung aus dem Jahre 1924 geht auf den damals in München arbeitenden Prähistoriker Paul Reinecke (1872–1958) zurück. Er hatte sie anfangs nur als Unterteilung der Straubinger Kultur vorgesehen, später wurde sie von anderen Autoren auf frühbronzezeitliche Kulturen in Süd- und Mitteldeutschland übertragen.

Heute teilt man die Frühbronzezeit entweder in drei Abschnitte (Stufen A 1, A 2, A 3) oder in vier Abschnitte (Phasen 1, 2, 3, 4) ein. Einer der ersten, der eine Dreigliederung vorschlug, war 1957 der damals in München tätige Prähistoriker Rudolf Hachmann. Die Gliederung in vier Abschnitte wurde 1964 durch den Münchener Prähistoriker Rainer Christlein (1940–1983) vorgenommen.

In Mitteldeutschland gab die Aunjetitzer Kultur den Auftakt zur Frühbronzezeit. Diese existierte etwa von 2300 bis 1600/ 1500 v. Chr. Die Aunjetitzer Kultur war in der Stufe A 1 in Thüringen, Sachsen und Sachsen-Anhalt heimisch. In der Stufe A 2 breitete sie sich auch ins östliche Niedersachsen

und nach Brandenburg aus. Die Funde der Aunjetitzer Kultur in Mecklenburg-Vorpommern sind lediglich Importe.
Im östlichen Süddeutschland begann die Frühbronzezeit mit der Straubinger Kultur. Sie behauptete sich ungefähr von 2300 bis 1600 v. Chr. in Südbayern (Niederbayern, Oberbayern sowie teilweise in der Oberpfalz und Schwaben). Ihr jüngerer Abschnitt wird auch als Langquaid-Stufe bezeichnet.
Westlich an die Straubinger Kultur grenzte die Singener Gruppe an. Sie existierte in südlichen Teilen Baden-Württembergs um 2300/2200 bis 1800 v. Chr. Die etwa gleichaltrigen Gräber am Ober- und Hochrhein werden der Oberrhein-Hochrhein-Gruppe zugerechnet. Zwischen etwa 1800 und 1600 v. Chr. war gebietsweise im südlichen Baden-Württemberg die Arbon-Kultur verbreitet.
Im Nördlinger Ries und im oberen Altmühltal bei Treuchtlingen unterschied sich die Ries-Gruppe vor allem durch ihre Grab- und Bestattungssitten von der teilweise gleichzeitigen Straubinger Kultur. Erstere Kulturstufe dauerte ungefähr von 2100 bis 1800 v. Chr. Im mittleren Neckarland behauptete sich um 2100 bis 1800 v. Chr. die Neckar-Gruppe.
Nördlich der Neckar-Gruppe schloß sich in Südwestdeutschland die Adlerberg-Kultur an. Sie hielt sich etwa von 2100 bis 1800 v. Chr. gebietsweise in Rheinland-Pfalz, Hessen und im nördlichen Baden-Württemberg (Nordbaden).
Während der Frühbronzezeit gab es ein deutliches Kulturgefälle zwischen Norddeutschland und Nordrhein-Westfalen auf der einen Seite sowie Süd- und Mitteldeutschland auf der anderen Seite. Der Norden war damals in metalltechnischer

Hinsicht rückschrittlicher als der Süden, wo die Neuerungen der Metallurgie früher Fuß faßten. Dies ist der Grund dafür, daß in Norddeutschland und in Nordrhein-Westfalen die Frühbronzezeit später begann als in Süd- und Mitteldeutschland. Im Norden existierten während der süddeutschen Frühbronzezeit noch Kulturen auf dem Niveau der späten Jungsteinzeit, allerdings mit einer zur Vollendung geführten Feuerstein-Technik.

Im östlichen Westfalen, im westlichen mittleren Niedersachsen und im südlichen Schleswig-Holstein markierte der Sögel-Wohlde-Kreis den Auftakt der Frühbronzezeit. Er ist von etwa 1600 bis 1500 v. Chr. nachweisbar und entspricht der frühen mittelbronzezeitlichen Hügelgräber-Kultur im Süden und Südosten.

In Mecklenburg-Vorpommern-Vorpommern gab es von etwa 1800 bis 1500 v. Chr. die nordische frühe Bronzezeit, die auch frühe Bronzezeit des Nordischen Kreises genannt wird. Sie beginnt mit einer Art Phasenverschiebung um eine Bronzezeitstufe später als die süd- und mitteldeutsche Frühbronzezeit. Die nordische frühe Bronzezeit entspricht der Periode I in der Chronologie des schwedischen Prähistorikers Oscar Montelius (1843–1921).

Die Mittelbronzezeit in Deutschland

Abfolge und Verbreitung der Kulturen und Gruppen

In der Zeit von etwa 1600 bis 1300/1200 v. Chr., die in Süddeutschland als Mittelbronzezeit bezeichnet wird, beherrschten sämtliche im Gebiet von Deutschland verbreiteten Kulturen den Bronzeguß. Wegen dieses Fortschritts der Metallurgie hat 1935 der schwedische Prähistoriker Nils Åberg (1888–1957) die Mittelbronzezeit als Hochbronzezeit bezeichnet. Andere Autoren dagegen – vor allem in Norddeutschland – reden von der eigentlichen, reinen oder älteren Bronzezeit.

Der Mittelbronzezeit entsprechen in Süddeutschland vor allem die Stufen Bronzezeit B und C im Sinne der 1902 vorgenommenen Gliederung des damals in Mainz arbeitenden Prähistorikers Paul Reinecke (1872–1958). Demzufolge wird die Stufe Bronzezeit B in zwei Unterstufen eingeteilt (B 1 und B 2). Im Gegensatz zu früher tendiert man heute dahingehend, die Stufe Bronzezeit D (etwa von 1300 bis 1200 v. Chr.) erst der Spätbronzezeit zuzuordnen.

Mit der Mittelbronzezeit ist in Baden-Württemberg, Bayern, im Saarland, Rheinland-Pfalz, Hessen, Südthüringen und Sachsen-Anhalt die Hügelgräber-Kultur beziehungsweise

-Bronzezeit identisch. Sie dauerte in diesen Gebieten von etwa 1600 bis 1300/1200 v. Chr. Die Hügelgräber-Kultur war damals von Ostfrankreich bis zum Karpatenbecken in Ungarn verbreitet und läßt sich in mehrere lokale Gruppen gliedern.
Nordrhein-Westfalen gehörte nur bedingt zur Hügelgräber-Kultur. Dort werden die Funde zwischen 1500 und 1200 v. Chr. – norddeutscher Terminologie folgend – allgemein der älteren Bronzezeit zugerechnet. Damit findet die auf dem Kulturgefälle in der Frühbronzezeit zwischen dem Süden und dem Norden basierende Phasenverschiebung von Bronzezeitstufen terminologisch ihre Fortsetzung.
In Niedersachsen bezeichnet man den Abschnitt von etwa 1500 bis 1200 v. Chr. als ältere Bronzezeit. Diese umfaßt die Stufe II in der Chronologie des schwedischen Prähistorikers Oscar Montelius (1843–1921) für die nordische Bronzezeit. Damals gab es in Niedersachsen mehrere lokale Gruppen: die zur Hügelgräber-Kultur gehörende Lüneburger Gruppe, die zum Nordischen Kreis zählende Stader Gruppe, die Südhannoversche Gruppe und die Oldenburg-emsländische Gruppe.
In Sachsen und Ostbrandenburg war ab ungefähr 1500 bis 1300/1200 v. Chr. die Vorlausitzer Kultur heimisch. Sie ging – wie ihr Name verrät – der spätbronzezeitlichen Lausitzer Kultur voraus.
Die Funde von etwa 1500 bis 1300/1200 v. Chr. im westlichen Teil Brandenburgs werden der älteren Bronzezeit zugeordnet. In Schleswig-Holstein und im Küstengebiet von Mecklenburg-

Vorpommern begann um 1500 v. Chr. die nordische ältere Bronzezeit. Diese Kultur endete um 1200 v. Chr. Sie entspricht der Stufe II nach Montelius.

Die Spätbronzezeit in Deutschland

Abfolge und Verbreitung der Kulturen und Gruppen

Neuerdings ordnet man der Spätbronzezeit außer den Stufen Hallstatt A und B auch die Bronzezeit D (etwa von 1300 bis 1200 v. Chr.) zu, die vorher als letzte Stufe der Mittelbronzezeit galt. Die Stufenbezeichnung und Inhalte der Bronzezeit D, Hallstatt A und B entsprechen weitgehend der 1902 vorgenommenen Gliederung des damals in Mainz arbeitenden Prähistorikers Paul Reinecke (1872–1958).
Als die wichtigsten damaligen Kulturen in Deutschland gelten die Urnenfelder-Kultur, die Lausitzer Kultur und die nordische Bronzezeit, die sämtlich besonders große Gebiete einnahmen. Daneben gab es etliche kleinere Kulturen und Gruppen.
Baden-Württemberg, Bayern, das Saarland, Rheinland-Pfalz, Hessen, Teile Nordrhein-Westfalens (Niederrheinische Bucht) und Südthüringens gehörten von etwa 1300/1200 bis 800 v. Chr. zum Bereich der Urnenfelder-Kultur. Diese war im Raum nördlich der Alpen verbreitet.
Im Niederrheinischen Tiefland Nordrhein-Westfalens existierte von etwa 1200 bis 750 v. Chr. die Niederrheinische Grabhügel-Kultur, eine Untergruppe der Urnenfelder-Kultur.
Für Norddeutschland gilt die bronzezeitliche Chronologie des

schwedischen Prähistorikers Oscar Montelius (1843–1921). Ihr zufolge wird in Niedersachsen, Schleswig-Holstein, Mecklenburg-Vorpommern und im nördlichen Brandenburg die Zeit von etwa 1200 bis 1100 v. Chr. als mittlere Bronzezeit (Periode III) und die Zeit von etwa 1100 bis 800 v. Chr. als jüngere Bronzezeit (Perioden IV und V) bezeichnet. Die durch das Kulturgefälle in der Frühbronzezeit zwischen dem Süden und dem Norden bewirkte Phasenverschiebung von Bronzezeitstufen setzt sich also terminologisch fort.

In die mittlere Bronzezeit fallen in Niedersachsen die Lüneburger Gruppe, die Allermündungs-Gruppe und die Stader Gruppe, letztere aber nur noch mit wenigen sicher datierbaren archäologischen Funden.

In der jüngeren Bronzezeit gab es in Niedersachsen ebenfalls eine Anzahl von Regionalgruppen, so die Lüneburger Gruppe, die Stader Gruppe und die Ems-Hunte-Gruppe. In anderen Landstrichen Niedersachsens spricht man nur allgemein von der jüngeren Bronzezeit, obschon auch hier Ansätze für eine regionale Gliederung erkennbar sind.

In Schleswig-Holstein, Mecklenburg-Vorpommern, im Stader Bereich (Niedersachsen) und im nördlichen Brandenburg behauptete sich von etwa 1200 bis 1100 v. Chr. die nordische mittlere Bronzezeit und von etwa 1100 bis 800 v. Chr. die nordische jüngere Bronzezeit. Das Zentrum der nordischen Bronzezeit lag in Skandinavien.

Sachsen und das südliche Brandenburg zählten von etwa 1300/1200 bis 500 v. Chr. zur Lausitzer Kultur und zum Kreis ihrer Nachfolgekulturen, zum Beispiel Billendorfer Kultur und

Hausurnen-Kultur. Die Lausitzer Kultur war damals in Osteuropa heimisch.
Im Thüringer Becken existierte von etwa 1300/1200 bis 800 v. Chr. die Unstrut-Gruppe . Etwa zur gleichen Zeit gab es in Sachsen-Anhalt die Helmsdorfer Gruppe und die Saalemündungs-Gruppe.

Pioniere der Bronzezeitforschung

Die Auswahl beschränkt sich
auf Prähistorikerinnen und Prähistoriker,
die den Namen einer in Deutschland,
Österreich und der Schweiz
vertretenen Stufe, Kultur oder Gruppe
der Bronzezeit
in die Fachliteratur eingeführt haben.
Die Texte stammen aus dem Buch
»Deutschland in der Bronzezeit« (1996)
von Ernst Probst
und wurden nach Erscheinen
nicht mehr aktualisiert.

HELLMUT AGDE,

geboren am 2. September 1909
in Halle/Saale,
gefallen am 12. Mai 1940
bei Saint-Nicolas.
Er bestand 1932 seine Doktorprüfung
und wirkte zunächst in Halle/Saale,
dann in Schwerin, Leipzig, Königsberg
und Freiburg/Breisgau,
bis er 1937 Dozent
an der Hochschule
für Lehrerbildung
in Lauenburg (Pommern) wurde.
1939 habilitierte er sich
in Freiburg/Breisgau.
Während seiner Zeit in Halle/Saale
prägte Hellmut Agde 1935
den Begriff Saalemündungs-Gruppe.

ZOJA BENKOVSKY-PIVOVAROVÀ,

geboren am 22. Dezember 1934
in Zlín (Tschechoslowakei),
machte 1958 ihr Diplom in Bratislava.
1958 bis 1960 war sie
im Museum Bojnice,
dann bis 1967
im Archäologischen Institut
der Slowakischen Akademie
der Wissenschaften in Nitra tätig.
Seit Ende 1967 arbeitete sie
zeitweise im
Burgenländischen Landesmuseum
in Eisenstadt und in der
Österreichischen Akademie
der Wissenschaften in Wien.
1972 prägte sie
den Begriff Draßburger Kultur.

WILHELM ALBERT VON BRUNN,

geboren am 17. September 1911
in Köthen/Anhalt,
gestorben am 8. Mai 1988
in Wiesbaden.
Er arbeitete 1938 bis 1947
am Landesmuseum Halle/Saale,
1951 bis 1961 am
Institut für Vor- und Frühgeschichte
der Deutschen Akademie
der Wissenschaften zu Berlin,
danach bis 1964 am
Institut für Ur- und Frühgeschichte
der Universität Kiel
und darauf bis 1979
an der Universität Gießen.
Er schlug 1943 den
Begriff Unstrut-Gruppe vor.

KAREL BUCHTELA,

geboren am 6. März 1864
in Novy Pavlov,
gestorben am 19. März 1946
in Prag.
Er war Finanzoberrat
und hatte von 1924 bis 1938
das Amt des Direktors
des Staatlichen
Archäologischen Instituts
in Prag inne.
Bei seinen Forschungen
arbeitete Buchtela
mit dem tschechoslowakischen
Archäologen Lubor Niederle
aus Prag zusammen.
Buchtela und Niederle
haben 1910 im Handbuch der
Tschechischen Archäologie
den Begriff Aunjetitzer Kultur
verwendet und populär gemacht.

ADRIAN EGGER,

geboren am 8. September 1868
in Prägraten,
gestorben am 18. März 1953
in Brixen,
wurde 1899 zum Priester geweiht.
Er wirkte acht Jahre als Seelsorger,
bevor er 1908 nach Brixen
berufen wurde,
um die Diözesan-Kunstpflege
zu betreuen.
Daneben interessierte er sich bald
immer mehr für die Vorgeschichte
des Eisack- und Pustertals,
wovon seine Publikationen
und die prähistorische Sammlung
im Diözesanmuseum zeugen.
Egger verwendete 1917
als erster den Begriff Laugenkultur.

ALBERT HAFNER,

geboren am 15. November 1959
in Weingarten (Kreis Ravensburg),
studierte in Tübingen
und Freiburg/Breisgau
Urgeschichte, Völkerkunde
und Botanik.
Seit 1988 unternimmt er
Unterwasser-Ausgrabungen
und Forschungen
zur Siedlungsarchäologie
des Neolithikums und der Bronzezeit
am Bieler See.
1995 promovierte er
in Freiburg/Breisgau
über die Frühbronzezeit
der Westschweiz.
Im selben Jahr verwendete er
erstmals den Begriff
Aare-Rhône-Gruppe
der Rhône-Kultur.

FRIEDRICH HOLSTE,

geboren am 30. April 1908
in Tann a. d. Rhön,
gefallen am 22. Mai 1942
bei Semenowka.
Er absolvierte
eine zweijährige Banklehre
und studierte in Wien,
Breslau und Marburg.
1934 promovierte er
und arbeitete danach in Mainz,
Landshut und München.
1939 habilitierte er sich
in München,
war ab 1940 Dozent in München
und ab 1942
außerordentlicher Professor
in Marburg.
Holste sprach 1939
von der Lüneburger Bronzezeit,
heute sagt man statt dessen
Lüneburger Gruppe.

SIEGFRIED JUNGHANS,

geboren am 30. Oktober 1915
in Stuttgart,
gestorben am 16. Februar 1999.
Er studierte 1935 bis 1938
in München, Marburg und Kiel.
1948 promovierte er in Tübingen.
Ab 1948 arbeitete er
im Württembergischen Landesmuseum
in Stuttgart,
wo er 1954 Hauptkonservator
der Vor- und Frühgeschichtlichen
Sammlungen sowie der
Antikensammlung
und 1967 Direktor des Museums wurde.
Junghans prägte 1954
den Begriff Formenkreis Adlerberg-Singen,
woraus später der Name
Singener Gruppe abgeleitet wurde.

KARL KOEHL,

geboren am 7. November 1847
in Meisenheim am Glan,
gestorben am 12. April 1929 in Worms.
Er studierte bis 1873
in Heidelberg, Marburg
und Gießen Medizin.
Nach dem Studium lebte er in Wien,
unternahm aber auch
jahrelang Reisen als Schiffsarzt.
1876 ließ er sich in Pfeddersheim
als Arzt nieder,
und 1884 siedelte er
nach Worms über.
Koehl führte Ausgrabungen
in Rheinhessen durch
und publizierte die Funde.
Auf ihn geht der Begriff
Adlerberg-Kultur zurück.

JOACHIM KÖNINGER,

geboren am 27. August 1956
in Stuttgart,
studierte in Tübingen
und Freiburg/Breisgau.
Seit 1975 arbeitet er für das
Landesdenkmalamt (LDA)
Baden-Württemberg.
Er leitet als freier Mitarbeiter
der Pfahlbauarchäologie
Bodensee-Oberschwaben des LDA
seit Anfang der achtziger Jahre
Sondagen in Moorsiedlungen
Oberschwabens und
Tauchuntersuchungen
in Ufersiedlungen des Bodensees.
1992/93 hat er promoviert.
1992 schlug Köninger
den Begriff Arboner Gruppe vor.

JÓZEF KOSTRZEWSKI,

geboren am 25. Februar 1885
in Weglewo (Polen),
gestorben am 25. Februar 1969
in Poznan (Polen).
Er war Leiter des
Archäologischen Lehrstuhls
an der Universität Poznan
(1919–1939, 1945–1950, 1956–1960)
und Direktor
des Museums in Poznan
(1914–1939, 1945–1958).
Kostrzewski stellte das
chronologische Schema
der Urgeschichte Polens auf,
erforschte die
altbronzezeitliche Ansiedlung
im Oder- und Weichselgebiet
und schlug 1924
den Begriff Vorlausitzer Kultur vor.

GEORG KRAFT,

geboren am 11. März 1894
in Bad Neuenahr,
gestorben bei einem Bombenangriff
am 27. November 1944
in Freiburg/Breisgau.
Er studierte in Tübingen
und promovierte 1922
in Freiburg/Breisgau.
1926 erfolgte seine Habilitation
in Freiburg/Breisgau,
wo er das Museum für Urgeschichte
der Universität betreute und ausbaute.
Ab 1926 war er
staatlicher Denkmalpfleger für Südbaden.
Auf Kraft geht der Begriff
Rhône-Kultur zurück.

RÜDIGER KRAUSE,

geboren am 3. April 1958
in Bagdad/Irak,
promovierte 1986
an der Universität Tübingen
über das frühbronzezeitliche
Gräberfeld von Singen am Hohentwiel.
Anschließend erhielt er
ein Reisestipendiat des
Deutschen Archäologischen
Instituts Berlin
und bereiste Nordafrika
und den Vorderen Orient.
Seit 1987 arbeitet er beim
Landesdenkmalamt Baden-Württemberg
in Stuttgart.
Krause prägte 1988
die Begriffe
Hochrhein-Oberrhein-Gruppe
und Neckar-Gruppe.

FRIEDRICH LAUX,

geboren am 8. März 1938
in Roth bei Nürnberg.
Er arbeitete 1969
bei der Römisch-Germanischen
Kommission in Frankfurt/Main,
1970 bis 1975 am Museum Lüneburg,
1976/1977 am Institut
für Vor- und Frühgeschichte
in Saarbrücken
und wirkte von 1977 bis 2001
am Hamburger Museum
für Archäologie.
Laux benannte 1971
den Sögel-Wohlde-Kreis
und die Lüneburger Gruppe
sowie 1987/90
die Südhannoversche Gruppe,
die Oldenburg-emsländische Gruppe
und die Allermündungs-Gruppe.

JÖRG LECHLER,

geboren am 28. August 1894
in Dessau,
gestorben am 22. Juli 1969
in Detroit.
Er studierte in Berlin und Halle/Saale.
1913 bis 1918 grub er
das Gräberfeld
auf dem Sehringsberg bei Helmsdorf aus.
1923 bis 1924 war er
Assistent am Tell-Halaf-Museum in Berlin
und von 1924 bis 1935
Archäologe in der Prignitz.
Ab 1936 lebte er in Detroit (USA),
wo er bis 1965 am
Art Institute der Wayne University arbeitete.
Lechler prägte 1925
den Begriff Helmsdorfer Gruppe.

ARNE LUCKE,

geboren am 11. Dezember 1944
in Forst,
arbeitete 1975 bis 1993
als Ethnoarchäologe in Mexiko,
Ecuador, Peru und Marokko.
1983 bis 1984 war er
Leiter des Museums für
Vor- und Frühgeschichte in Heilbronn.
Seit 1986 ist er Kreisarchäologe
und Geschäftsführer
des Museumsverbundes
im Kreis Lüchow-Dannenberg
sowie Lehrbeauftragter
der Universität Hamburg,
seit 1990 Leiter des
Archäologischen Zentrums Hitzacker.
1981 prägte er
die Namen Stader Gruppe
und Verdener Gruppe.

OSWALD MENGHIN,

geboren am 19. April 1888
in Meran,
gestorben am 29. November 1973
in Buenos Aires.
Ab 1913 war er Privatdozent
an der Universität Wien.
1914 gründete er
die Wiener Prähistorische Gesellschaft.
1918 wurde er
außerordentlicher Professor,
1922 ordentlicher Professor,
1930 bis 1933 Resident-Professor
an der Universität Kairo
und 1938 bis 1945
österreichischer Minister
für Kultus und Unterricht.
Oswald Menghin führte 1921
den Begriff Wieselburg-Gruppe ein.

GERO VON MERHART,

geboren am 17. Oktober 1886
in Bregenz (Österreich),
gestorben am 4. März 1959
in Kreuzlingen (Schweiz).
Er promovierte 1913
in München,
geriet 1914
in russische Gefangenschaft
und arbeitete 1919 bis 1921
an russischen Museen.
Von 1921 bis 1927 wirkte er
am Museum Ferdinandeum
und an der Universität Innsbruck,
danach kurz am
Römisch-Germanischen
Zentralmuseum Mainz
und 1928 bis 1949
als Professor in Marburg.
Von Merhart prägte 1927
den Begriff Melauner Kultur.

OSCAR MONTELIUS,

geboren am 9. September 1843
in Stockholm,
gestorben am 4. November 1921
in Stockholm.
Er promovierte 1869,
wurde 1888 Professor
und war von 1907 bis 1913
Reichsantiquar in Schweden.
Montelius teilte 1885
die nordische Bronzezeit
in sechs Perioden (Periode I bis VI)
und 1897 die Eisenzeit
in acht Perioden (Periode I bis VIII) ein.
Außerdem prägte er
schon im 19. Jahrhundert
den Begriff
Nordischer Kreis der Bronzezeit,
von dem der heutige Name
nordische Bronzezeit abgeleitet ist.

JOHANNES-WOLFGANG NEUGEBAUER,

geboren am 28. Oktober 1949
in Klosterneuburg,
gestorben am 15. August 2002,
studierte in Wien,
wurde Universitätsdozent,
wissenschaftlicher Mitarbeiter
in der Abteilung für Bodendenkmale
des Bundesdenkmalamtes Wien
und Leiter des 1993
von ihm gegründeten Urzeitmuseums
in Nußdorf ob der Traisen.
Neugebauer grub
die größten frühbronzezeitlichen
Friedhöfe Mitteleuropas
(Franzhausen I und II sowie Gemeinlebarn F)
aus. 1977 prägte er den Begriff
Böheimkirchner Gruppe
der Veterov-Kultur.

ALOIS OHRENBERGER,

geboren am 16. Mai 1920
in Neuarad (Rumänien),
gestorben am 23. Januar 1994
in Eisenstadt.
Noch 1920 zog seine Familie
nach Budapest,
später nach Eisenstadt.
1949 promovierte er in Wien.
1949 bis 1980 arbeitete er
im Burgenländischen Landesmuseum
in Eisenstadt.
Ohrenberger prägte 1956
in der Publikation über
seine Ausgrabungen
in Loretto/Leithaprodersdorf
den Begriff Typus Loretto-Leithaprodersdorf,
woraus der Name
Leithaprodersdorf-Gruppe hervorging.

JOZEF PAULÍK,

geboren am 30. März 1931
in Sóskut (Ungarn).
Er war zunächst
wissenschaftlicher Mitarbeiter
des Archäologischen Instituts
der Slowakischen Akademie
der Wissenschaften in Nitra.
Ab 1967 arbeitete er
im Slowakischen
Nationalmuseum Bratislava.
Paulík beschäftigt sich
vor allem mit Problemen
der Spätbronzezeit.
Er und der Archäologe
Anton Tocík verwendeten 1960
erstmals den Namen Caka-Kultur.
Diese spätbronzezeitliche Kultur
ist nach einem Hügelgrab
in der Slowakei benannt.

RICHARD PITTIONI,

geboren am 9. April 1906
in Wien,
gestorben am 16. April 1985
in Wien.
Er promovierte 1929
und habilitierte sich 1932.
Von 1929 bis 1937
war er Assistent am
Urgeschichtlichen Institut
der Universität Wien,
1938 bis 1942
Museumsdirektor in Eisenstadt,
1946 außerordentlicher Professor
und seit 1951
Professor an der Universität Wien.
Pittioni sprach 1937
von der Kultur von Unterwölbling
(heute Unterwölblinger Gruppe)
und 1954 vom Typus Mistelbach-Regelsbrunn.

JÜRG RAGETH,

geboren am 30. Dezember 1946
in Chur (Graubünden),
studierte in Zürich
bei Professor Dr. Emil Vogt.
Er ist Prähistoriker
und arbeitet seit 1973
beim Archäologischen Dienst
Graubünden in Chur
und Haldenstein.
Sein Interesse gilt
vor allem der Bronzezeit.
Von 1971 bis 1983 leitete er
die Ausgrabungen
auf dem bronzezeitlichen
Siedlungsplatz Padnal
bei Savognin in Graubünden.
1986 schlugen Rageth
und andere Archäologen
den Begriff
Inneralpine Bronzezeit-Kultur vor.

PAUL REINECKE,

geboren am 25. September 1872
in Berlin-Charlottenburg,
gestorben am 12. Mai 1958
in Herrsching.
Er wirkte 1897 bis 1908
am Römisch-Germanischen
Zentralmuseum in Mainz.
1908 bis 1937
war er Hauptkonservator
am Bayerischen Landesamt
für Denkmalpflege in München.
1917 wurde er kgl. Professor.
Reinecke teilte 1902
die Bronzezeit in die Stufen A bis D ein.
1902 sprach er von
der Grabhügelbronzezeit und später
von der Hügelgräber-Bronzezeit.

WALTER RUCKDESCHEL,

geboren am 10. September 1937
in München,
studierte in München und Heidelberg.
Er promovierte mit einer Arbeit
über die frühbronzezeitlichen
Gräber Südbayerns
und wies nach,
daß die Bestattungssitten
der Straubinger Kultur
jener der vorausgehenden
Glockenbecher-Kultur gleichen.
Die von ihm 1978 benannte Ries-Gruppe
zeigt dagegen deutliche
abweichende Bestattungssitten.
Walter Ruckdeschel ist seit 1986
Präsident des Bayerischen Landesamts
für Umweltschutz.

ELISABETH RUTTKAY,

geborene Kiss,
geboren am 18. Juni 1926
in Pexcs, Ungarn,
gestorben am 25. Feruar 2009
in Wien,
lebte seit 1956 in Österreich.
Sie studierte in Wien
und arbeitete ab 1968
an der Prähistorischen Abteilung
des Naturhistorischen Museums, Wien.
Ihr Forschungsgebiet war die Jungsteinzeit,
aus der sie mehrere Gruppen benannt hat.
1977 führte sie für
eine frühbronzezeitliche Kulturstufe
den Begriff Leitha-Gruppe ein
und 1981 prägte sie
bei der Beschreibung
bronzezeitlicher Funde
aus der Seeufersiedlung Abtsdorf I
am Attersee
den Namen Attersee-Gruppe.

EDWARD SANGMEISTER,

geboren am 26. März 1916,
promovierte 1939 in Marburg,
wurde 1950 Assistent in Marburg
und habilitierte sich 1954 in Marburg.
Von 1954 bis 1956 wirkte er
als Assistent am
Deutschen Archäologischen Institut
in Madrid.
1956 wurde er Extraordinarius
in Freiburg/Breisgau.
Sangmeister widmete sich
vor allem Fragen der Jungsteinzeit
und Frühbronzezeit.
Er sprach 1960 von der Gruppe Singen,
was von anderen Autoren
in den Ausdruck Singener Gruppe
abgewandelt wurde.

WOLFGANG SCHLÜTER,

geboren am 12. November 1937
in Reher bei Hameln,
studierte in Göttingen
und promovierte 1973.
Nach einer zweijährigen Tätigkeit
beim Dezernat Denkmalpflege
des Niedersächsischen
Landesverwaltungsamtes in Hannover
wurde er 1975
Archäologe für die Stadt
und den Kreis Osnabrück
sowie Leiter der
Archäologischen Abteilung des
Kulturgeschichtlichen Museums Osnabrück.
1979 benutzte er
den Begriff Ems-Hunte-Kreis.
Seit 1993 ist er Honorarprofessor
der Universität Osnabrück.

BERTHOLD SCHMIDT,

geboren am 10. Oktober 1924
in Gera,
studierte in Jena und Halle/Saale
und hat 1955 promoviert.
1953 wurde er
wissenschaftlicher Mitarbeiter,
später Kustos
und stellvertretender Direktor
des Landesmuseums für Vorgeschichte,
Halle/Saale.
1991/92 folgte eine Professur
an der Universität Marburg/Lahn.
Seine Spezialgebiete
sind die Frühgeschichte (3. bis 9. Jh.)
und späte Bronzezeit.
Schmidt hat 1967
den Begriff Helmsdorfer Gruppe
erneut vorgeschlagen und begründet.

ERNST SPROCKHOFF,

geboren am 6. August 1892
in Berlin,
gestorben am 1. Oktober 1967
in Kiel.
Nach dem Studium
in Berlin und Königsberg
promovierte er 1924 in Königsberg.
Von 1926 bis 1928 arbeitete er
am Provinzialmuseum Hannover,
1928 bis 1935
am Römisch-Germanischen
Zentralmuseum Mainz.
1935 bis 1945 war er
erster Direktor
der Römisch-Germanischen Kommission
in Frankfurt/Main
und ab 1947 Ordinarius
an der Universität Kiel.
Er schuf 1927 den Begriff Sögeler Stufe.

CHRISTIAN STRAHM,

geboren am 1. Oktober 1937
in Niederwichtrach im Kanton Bern (Schweiz).
Er promovierte 1961
in Bern und arbeitete zunächst
am Bernischen Historischen Museum, Bern.
1964 ging er an die
Universität Freiburg/Breisgau,
wo er sich später habilitierte
und seit 1977
als Universitätsprofessor wirkt.
Von 1976 bis 1986 war er
als außerordentlicher Professor
an der Universität Bern tätig.
1987 hat Strahm erstmals
den Begriff Arbon-Kultur verwendet
und 1992 genauer definiert.

ANTON TOCÍK,

geboren am 28. Januar 1918
in Krásno nad Kysucou (Slowakei)
gestorben am 15. Juni 1994,
studierte in Bratislava und Leipzig
und promovierte 1944 in Bratislava.
1945 bis 1947 war er Kommissär
des Denkmalamtes Bratislava.
1960 wurde er C. sc.,
1965 Dozent an der Universität Brno
und 1969 Dr. sc.
Von l953 bis 1970 war er Direktor
des Archäologischen Instituts
der Slowakischen Akademie
der Wissenschaften in Nitra.
Anton Tocík und Jozef Paulík
prägten 1960
den Begriff Caka-Kultur.

RUDOLF VIRCHOW,

geboren am 13. Oktober 1821
in Schivelbein (Pommern),
gestorben am 5. September 1902
in Berlin.
Er wirkte zunächst als Professor
und Privatdozent
an der Universität Berlin.
1849 arbeitete er als Professor
in Erlangen und 1856
wieder als Professor in Berlin.
Virchow war ein renommierter Pathologe,
Arzt und Politiker.
Außerdem gilt er
als Begründer der pathologischen Anatomie.
1880 verwendete er erstmals
den Begriff Lausitzer Kultur.

ERNST WAGNER,

geboren am 5. April 1832
in Karlsruhe,
gestorben am 7. März 1920
in Karlsruhe.
Der Sohn des Stadtpfarrers
von Schwäbisch Gmünd
war 1861 bis 1863
Erzieher in London und 1864 bis 1875
Erzieher des Erbgroßherzogs in Karlsruhe.
1867 wurde er Leiter der Friedrichschule.
Von 1875 bis 1919 leitete er
die Großherzogliche Altertümersammlung
(das spätere Badische Landesmuseum)
in Karlsruhe und war Oberschulrat.
Auf Wagner geht der Begriff
Urnenfelder-Kultur zurück.

KARL HEINZ WAGNER,

geboren am 10. Juli 1907
in Neunkirchen/Saar,
gefallen im Zweiten Weltkrieg
am 6. Februar 1944
bei Luga südlich von Leningrad.
Er promovierte 1934,
arbeitete 1935 bis 1937
am Rheinischen Landesmuseum Bonn
und war von 1937 bis 1939
Konservator am Bayerischen Landesamt
für Denkmalpflege in München.
Karl Heinz Wagner
hat 1934 in seiner Dissertation
den Begriff Nordtiroler Urnenfelder verwendet,
auf den der Name
Nordtiroler Urnenfelder-Kultur zurückgeht.

KURT WILLVONSEDER,

geboren am 10. März 1903
in Salzburg,
gestorben am 3. November 1968
in Salzburg.
Er studierte in Wien und Stockholm,
promovierte 1929
und habilitierte sich 1937 in Wien.
Von 1937 bis 1945 arbeitete er
am Bundesdenkmalamt in Wien.
1943 wurde er außerordentlicher Professor
der Urgeschichte in Wien.
Von 1954 bis zu seinem Tod
im Jahre 1968 war er Direktor des
Salzburger Museums Carolino Augusteum.
Willvonseder prägte 1937
den Begriff Litzenkeramik.

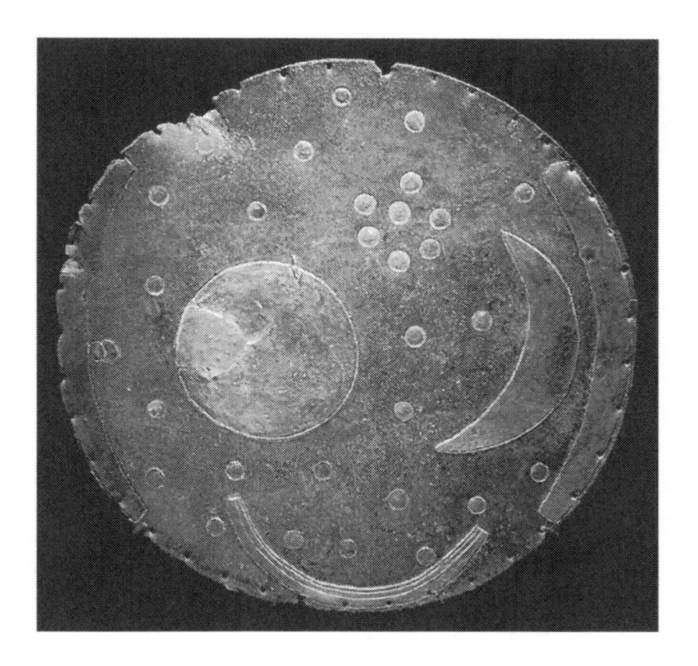

Die so genannte »Himmelsscheibe von Nebra« gilt als die weltweit älteste konkrete Himmelsdarstellung und als einer der wichtigsten archäologischen Funde aus der Bronzezeit. Diese bronzene Scheibe mit einem Durchmesser von etwa 32 Zentimetern und mit einem Gewicht von rund 2,3 Kilogramm entstand um 1600 v. Chr. Sie wurde am 4. Juli 1999 von Raubgräbern in einer Steinkammer auf dem Mittelberg unweit von Nebra in Sachsen-Anhalt entdeckt. Seit 2002 wird dieser wissenschaftlich wertvolle Fund im Landesmuseum für Vorgeschichte Sachsen-Anhalt in Halle/Saale aufbewahrt.
Foto: Dbachmann/CC-BY-SA3.0: 1 (via Wikimedia Commons),

Zeugen der Bronzezeit in Museen

Deutschland (Auswahl)

ALSFELD *Heimatmuseum*
Schwerter, Dolche, Beile, Radnadeln und Spiralanhänger.
ALZEY *Museum*
Adlerberg-Kultur: Henkeltassen und Tonring von Alzey-Wartberg. Urnenfelder-Kultur: Tonrasseln (Wasservogel und konsche Form mit Zackenmuster) aus Siefersheim. Sauggefäß aus Alzey-Dautenheim.
ANDERNACH *Stadtmuseum*
Urnenfelder-Kultur: Bronzefund aus dem Bollwerk von Andernach.
ASCHAFFENBURG *Stiftsmuseum*
Keramik, Werkzeuge, Waffen und Schmuck aus der Bronzezeit von unterfränkischen Fundstellen. Funde aus dem Gräberfeld der Urnenfelder-Kultur von Aschaffenburg-Strietwald.
AUGSBURG *Städtische Kunstsammlungen — Römisches Museum*
Frühbronzezeit: Grabfunde von Augsburg-Göggingen und vom Lechfeld. Urnenfelder-Kultur: Depotfund mit zwei Bechern aus getriebenem Goldblech von Unterglauheim, Kreis Dillingen. Depotfunde von Ehingen-Badfeld und Ehingen-Burgfeld.

BAD BUCHAU *Federseemuseum*
Urnenfelder-Kultur: Funde aus zwei unterschiedlich alten Moordörfern (sogenannte »Wasserburg« Bad Buchau), wie Keramik, »Feuerböcke« (»Mond-Idole«), Schmuck, dreiteiliges Scheibenrad aus Eichenholz.
BAD HERSFELD *Städtisches Museum*
Umfangreicher Bestand an Bronzegerät, -waffen und -schmuck aus Hügelgräbern der Region, gefunden bei archäologischen Ausgrabungen, unter anderem in den 1920er und 1930er Jahren.
BAD KREUZNACH *Schloßparkmuseum*
Hügelgräber-Kultur: Henkelkrug aus Waldböckelheim, Dolch und Absatzbeil aus Waldlaubersheim. Schmuck aus Kirn, Waldböckelheim und Waldlaubersheim.
Urnenfelder-Kultur: Tongefäße aus Bad Kreuznach-Martinsberg und Langenlonsheim. Tönerne Sauggefäße aus Bad Kreuznach-Martinsberg. Bronzene Werkzeuge aus Bad Kreuznach-Martinsberg, Bockenau und Waldböckelheim. Schmuck aus Bad Kreuznach-Martinsberg.
BAD OLDESLOE *Heimatmuseum*
Dolche, Tüllenbeil, Lanzenspitzen, Nadeln und Urnen aus der nordischen Bronzezeit von Bad Oldesloe und Umgebung.
BAD SÄCKINGEN *Hochrheinmuseum*
Funde aus der Bronzezeit von Waldshut-Tiengen (Flur »Eidöre«). Funde aus der Urnenfelder-Kultur aus Bad Säckingen und Waldshut-Tiengen (Flur Untere Gaisäcker).
BAMBERG *Historisches Museum*
Frühbronzezeit: Tonbecher aus der Jungfernhöhle von

Tiefenellern, Kreis Bamberg. Bronzene Randleistenbeile, Dolchklingen und Schmuck von verschiedenen Orten im Kreis Bamberg. Hügelgräber-Kultur: Bronzeschwert aus Forchheim, Beinschmuck aus Bronze von der Ehrenbürg bei Schlaifhausen, Kreis Forchheim. Urnenfelder-Kultur: Bronzesichel aus Wölsau (Kreis Wunsiedel). Bronzemesser aus Gundelsheim (Kreis Bamberg). Beigaben aus einem Grab von Eggolsheim (Kreis Forchheim), wie Tongefäße, Vollgriffschwert, Rasiermesser, Messer, Gewandnadel, drei Ringchen, drei große Nieten vom Schwertgehänge.

BENSHEIM *Museum der Stadt*

Bronzedolch, vier Bronzebeile, große doppelkonische Urnen mit Deckschüssel sowie sechs Beigefäße der Urnenfelder-Kultur.

BERGEN *Heimatmuseum »Römstedthaus«*

Nahezu 400 Exponate, darunter die Bronzetasse von Dohnsen, der nördlichste Fund einer mykenischen Tasse.

BERLIN *Heimatmuseum Neukölln*

Keramik von verschiedenen Fundorten im Raum Britz und Rudow. Schmelzreste von bronzenen Grabbeigaben aus Rudow. Schmuckstücke von verschiedenen Fundorten.

BERLIN *Märkisches Museum*

Lausitzer Kultur: Funde aus dem Gräberfeld von Berlin-Rahnsdorf.

BERLIN *Museum für Vor- und Frühgeschichte*

Darstellung des technischen Ablaufes der Kupfergewinnung, Verhüttung und des Bronzegusses. Dioramen bronzezeitlicher Siedlungen. Funde aus dem Opferbrunnen der bronzezeitlichen Siedlung Berlin-Steglitz. Tönerne

Urnen, Schmuck und Gefäßbeigaben aus Gräbern von Berlin-Wittenau. Bron-ze-urne aus dem Königsgrab von Seddin, Kreis Prignitz. Depotfund von Eberswalde-Finow mit prächtigen Gefäßen, Barren und Drähten aus Gold.
BERNBURG *Museum Schloß Bernburg*
Urne mit Leichenbrand aus Großwirschleben (Galgenberg), als Beigabe fossile Schnecken und Muscheln.
BIBERACH *Städtische Sammlungen (Braith-Mali-Museum)*
Frühbronzezeit: Randleistenbeil vom Typ Salez aus der Iller bei Tannheim. Früh- und Mittelbronzezeit: Keramik aus der »Siedlung Forschner«. Mittel- und Spätbronzezeit: zwei Bronzenadeln aus dem Taubried/Bad Buchau. Urnenfelder-Zeit: Zwei Vollgriffschwerter aus Trostberg/Oberbayern und Meißenheim bei Lahr/Baden. »Mond-Idol«, Bronzefunde und Keramik aus der »Wasserburg« Bad Buchau. »Mond-Idol« und Bronzemesser aus Unteruhldingen. »Mond-Idol« aus Immenstaad/Bodensee.
BONN *Rheinisches Landesmuseum*
Ältere Bronzezeit: Feuervergoldetes Schwert aus der Niers bei Grefrath-Oedt. Goldbecher von Wachtberg-Fritzdorf.
Urnenfelder-Kultur: Sauggefäß in Vogelgestalt mit Rassel von Mendig, Kreis Mayen-Koblenz.
BOTTROP *Quadrat, Museum für Ur- und Ortsgeschichte*
Bronzebeile verschiedenen Alters aus Bottrop. Umfangreiche Keramikfunde der Urnenfelder-Zeit aus Bottrop.
BREMEN *Focke-Museum, Bremer Landesmuseum für Kunst und Kulturgeschichte*
Frühe und ältere Bronzezeit: Pfeilspitzen aus Feuer-

stein, Beilklingen aus Bronze. Depotfund von Schmalenbeck, Kreis Osterholz. Jüngere Bronzezeit: Gürteldose von Lehnstedt, Kreis Cuxhaven. Rasiermesser aus Bronze von Krempel, Kreis Cuxhaven. Bronzene Lanzenspitzen aus der Weser und Lesum. Irischer Bronzedolch von Tostedt, Kreis Harburg. Bronzehelm und Griffzungenschwert aus der Lesum bei Bremen-Lesum.

BREMERHAVEN *Morgenstern-Museum*

Funde von den spätbronzezeitlichen Urnengräberfeldern aus dem Bremerhavener Stadtgebiet (Lehe und Wulsdorf). Bronzezeitliche Funde aus dem Kreis Cuxhaven.

BRUCHSAL *Städtisches Museum*

Bronzeschmuck aus Frauengräbern von Mingolsheim und Langenbrücken. Zwei Urnengräber der Urnenfelder-Kultur von Huttenheim und Weiher.

BÜDINGEN *Heuson-Museum im Rathaus*

Tongefäße mit Henkeln, Kerbrand, Zylinderhals sowie ein Schulterleistentopf, Bronzeschmuckstücke (Radnadeln, Doppelrad- und Rollennadel, Spiralscheibe).

COBURG *Naturwissenschaftliches Museum*

Prunkaxt aus Weickenbach, Radnadeln, Arm- und Halsschmuck, »Stachelscheiben Coburger Art«, Spiralschmuck, Tutuli aus Bronze. Weitere Grabungsfunde aus Mährenhausen und Ahlstadt.

CUXHAVEN *Stadtmuseum*

Grabbeigaben und andere Funde vom Galgenberg bei Cux--haven.

DARMSTADT *Hessisches Landesmuseum*

Hügelgräber-Kultur: Grabinventare aus Darmstadt-Wix-

hausen. Urnenfelder-Kultur: Bronzetasse aus Viernheim. Kammhelme aus einer Kiesgrube bei Biebesheim.
DEGGENDORF *Städtisches Heimatmuseum*
Hügelgräber-Kultur: Keramik- und Metallbeigaben aus dem Gräberfeld von Deggendorf-Fischerdorf. Urnenfelder-Kultur: Grabinventare vor allem aus den Gräberfeldern von Künzing und Stephansposching. Grab mit thrako-kimmerischem Pferdegeschirr von Stephansposching-Steinkirchen.
DESSAU *Museum für Naturkunde und Vorgeschichte*
Inventare aus mehreren Hügelgräberfeldern und Flachgräbern der Lausitzer Kultur aus der Umgebung Dessaus. Keramik und zahlreiche Metallfunde aus Siedlungen und Gräberfeldern der Lausitzer Kultur und der Saalemündungs-Gruppe. Depotfund von 14 Bronzearmreifen aus Roßlau, Kreis Anhalt-Zerbst. Depotfund dreier reich verzierter Bronzelanzenspitzen, welche zusammen mit einer eisernen Lanzenspitze geborgen wurden, von Breesen-Reupzig, Kreis Köthen. Griffzungenschwert der nordischen Bronzezeit von einem Fundort aus Schleswig-Holstein.
DETMOLD *Lippisches Landesmuseum*
Doppeläxte aus dem Depotfund von Bad Salzuflen/Grastrup-Hölsen. Kurzschwert vom Typ Sögel aus Oerlinghausen. Randleisten- und Absatzbeile verschiedener Herkunft. Funde aus Steinhügelgräbern von Detmold und Horn-Bad Meinberg/Schmedissen.
DIEBURG *Kreis- und Stadtmuseum*
Funde aus den Hügelgräbern von Ober-Roden. Dolche, Armbergen und Bernsteinperlen aus Groß-Biberau. Urnen, Gußform, Rasiermesser und Sicheln aus Gräbern der Ur-

nenfelder-Kultur von Babenhausen-Hergershausen.
DIEZ *Diezer Heimatmuseum*
Keramik, Bronzegeräte, -waffen und -schmuck aus dem Raum Diez.
DILLINGEN AN DER DONAU *Stadt- und Hochstifts-museum*
Funde der Hügelgräber- und Urnenfelder-Kultur aus dem Kreis Dillingen.
DONAUWÖRTH *Archäologisches Museum*
Randleistenbeile, Ringgriffmesser, Griffplattenschwerter, Scheibenkopfnadeln, Ösenhalsring. Urnenfelder-zeitliche Lappenbeile, Sicheln, Vollgriffschwerter, reichverziertes Griffzungenschwert. Beinschiene aus Schäfstall mit reicher Punzverzierung, Lanzenspitze.
DRESDEN *Landesmuseum für Vorgeschichte*
Funde vor allem aus dem Gräberfeld Niederkaina, Kreis Bautzen, dazu viele weitere Altsachen der Lausitzer Kultur.
DUISBURG *Niederrheinisches Museum der Stadt*
Keramik und Bronzebeile aus dem Niederrheingebiet.
DÜREN *Leopold-Hoesch-Museum, Archäologische Abteilung*
Bronzebeile, -lanzenspitze und -armringe aus dem Dürener Land. Depotfunde aus dem Rheingau (Sicheln, Beile, Armreifen). Reiche Funde aus Grabungen am Neuenburger See (Schweiz). Siedlungskeramik und Grabfunde der Ur-nenfelder-Zeit aus dem Kreis Düren.
EICHSTÄTT *Museum für Ur- und Frühgeschichte*
Keramik, Waffen und Schmuck aus der Bronzezeit von verschiedenen Fundorten im Raum Eichstätt.

EMSDETTEN *Heimatmuseum, August-Holländer-Museum*
Keramikreste aus Emsdetten-Westum, Greven und Mesum. einige Werkzeuge aus Stein oder Bronze.
ERFURT *Stadtmuseum – Haus zum Stockfisch*
Schwert aus der Spätbronzezeit von Döllstädt, Kreis Gotha.
ESSEN *Museum Altenessen*
Funde aus westfälischen Urnenfeldern: Keramik und Bronzen. Bronzen aus Nordwestdeutschland. »Pfahlbaufunde« wie Keramik und Bronzen.
FORCHHEIM *Pfalzmuseum*
Urnenfelder-Kultur: Forchheimer Zeichensteine. Serlbacher Depotfund (Beile und Speerspitzen).
FRANKENBERG *Kreisheimatmuseum*
Radnadeln und Nadel in Nagelform.
FRANKFURT AM MAIN *Museum für Vor- und Frühgeschichte*
Funde aus Grabhügeln im Frankfurter Stadtwald.
FRIEDBERG *Heimatmuseum (Kreis Aichach-Friedberg)*
Frühbronzezeit: Löffelbeil aus Friedberg. Randleistenbeil und Beilrohguß aus Kissing. Gezähnte Sicheleinsätze aus Mering. Hügelgräber-Kultur: Vollgriffschwert aus Lechhausen. Griffplattenschwert aus Kissing. Bronzepfeilspitze aus Schmiechen. Urnenfelder-Kultur: Rixheim-Schwert aus Hochzoll. Riegsee-Schwert aus Kissing. Endständiges Lappenbeil aus Hochzoll. Bronzedolche aus Friedberg. Tönerne Lochscheiben und Keramik aus Mergenthau.

FRIEDBERG *Wetterau-Museum*
Bronzener Beinschmuck aus dem Gräberfeld von Wölfersheim. Bronzeschwert aus einem Grab der Urnenfelder-Kultur von Ockstadt.
FRITZLAR *Heimatmuseum*
Absatzbeil, Randleistenbeil, Lappenbeil, Knopfsichel, Lanzenspitze und Radnadel. Reichhaltige Keramik aus dem Gräberfeld der Urnenfelder-Kultur von Fritzlar.
FULDA *Vonderaumuseum*
Hügelgräber-Kultur: Zahlreiche Grabfunde aus Grabhügeln, vorwiegend aus der Großgemeinde Großenlüder. Urnenfelder-Kultur: Funde aus zwei Gräberfeldern bei Oberbimbach und Künzell.
GESEKE *Hellweg-Museum*
Bronzene Tüllenbeile (eines mit Verzierung) und Lappenbeil.
GIESSEN *Oberhessisches Museum*
Hügelgräber-Kultur: Tongefäße, geschweiftes Messer, Kupferflachbeile, Dolch, Schwerter, Schmuckgehänge, Schmucknadeln, Bernsteinfunde, Armspiralen und offene Armreife von verschiedenen Fundorten in Hessen. Urnenfelder-Kultur: Urnen und Beigefäße, Sicheln, reicher Schmuck und Lanzenspitze mit verzierter Tülle von verschiedenen Fundorten in Hessen.
GIFHORN *Kreisheimatmuseum*
Lanzen- und Speerspitzen, Absatz- und Tüllenbeile, Schmuck.
GLADBECK *Museum der Stadt*
Urnenfunde, Bronzemesser und Pinzetten von Gladbeck-

Ellinghorst.
GÖTTINGEN *Städtisches Museum*
Zahlreiche Bronzen aus Grabhügelfeldern der Göttinger Gegend. Beile, Radnadeln, bronzene Lunula vom Hainberg bei Göttingen, Geweihäxte.
GREDING *Museum Mensch und Natur*
Einzelfunde aus der Bronzezeit.
GROSSKOTZENBURG *Museum der Gemeinde*
Verschiedene Arten von Gewandnadeln, Arm- und Beinspiralen, Brillenanhänger, Beile, Knopfsichel, Schwert, Pfeilspitze. Tongefäße von der Kerbschnitttasse bis zu Vorratsgefäßen. Ein komplettes Frauengrab mit drei Tongefäßen, Gewandnadel, Armspangen und Ohrring.
GÜNZBURG *Heimatmuseum*
Keramik, bronzene Nadeln, Messer, Beile und Sicheln, »Mond-Idol«.
HALLE/SAALE *Landesmuseum für Vorgeschichte*
»Häuptlingsgrab« von Leubingen, Kreis Sömmerda, mit Goldbeigaben. Zahlreiche Depotfunde der Früh- und Spätbronzezeit, darunter von Dieskau, Frankleben, Fienstedt. Stabdolche von Thale und Welbsleben. Bronzeschilde der Spätbronzezeit von Herzsprung. Spätbronzezeitlicher Töpferfund von Wittenberg. Funde aus einer spätbronzezeitlichen Kultgrube von Nebra. Schwertfunde von Bothenheilingen und Kehmstedt. Stiergefäß von der Schalkenburg bei Quenstedt, Kreis Aschersleben-Staßfurt. Goldschale von Krottorf, Bördekreis. Goldringe von Schneidlingen, Kreis Aschersleben-Staßfurt, und Kleinoschersleben, Bördekreis. Opferfund mit Bronze-

funden von Krumpa-Lützkendorf, Kreis Merseburg-Querfurt. Hängebecken von Wegeleben, Kreis Halberstadt. Bronzekessel mit Kreuzattachen von Halle-Radewell.

HAMBURG *Helms-Museum/Hamburger Museum für Archäologie*

Klappstuhl von Daensen, Kreis Stade. Trachtenschmuck aus Schleswig-Holstein und Niedersachsen (Heidenau, Barendorf, Fuhrkop, Thaden, Hamburg-Fischbek, Buchholz). Depotfund von Kiel-Kronshagen. Totenhaus aus Hamburg-Marmstorf.

HANAU *Historisches Museum*

Kerbschnittkannen aus dem Gräberfeld von Hanau-Steinheim (»Galgentanne«), Depotfund.

HANNOVER *Niedersächsisches Landesmuseum (Urgeschichts-Abteilung)*

Opferfund aus der Rothesteinhöhle bei Holzen. Lure von Garlsdorf. Bildstein von Anderlingen. Goldgefäße und -schmuck.

HEIDE *Museum für Dithmarscher Vorgeschichte*

Funde aus der Bronzezeit und Nachbildungen von solchen (zum Beispiel bronzene Luren und Rasiermesser).

HEILBRONN *Städtisches Museum*

Frühbronzezeit: Halsring und Nadel aus einem Grab von Heilbronn-Horkheim. Hügelgräber-Kultur: Bronzebeigaben aus einem Grab von Schweinsberg und Keramik aus einer Siedlung in Heilbronn. Urnenfelder-Kultur: Keramik, Bronzeschwert, Bronzemesser und -armring aus Gräbern in Heilbronn. Keramik und Tonlöffel von Neckarsulm-Reichertsberg.

HERFORD *Städtisches Museum*
Werkzeuge und Waffen der Bronzezeit verschiedener Zeitstellung aus dem Raum Herford.
HERNE *Emschertal-Museum*
Absatzbeil aus Herne (ehemalige Zeche »Friedrich der Große«). Tüllenbeil aus Recklinghausen-Siepenheide. Urnen und Beigefäße aus den spätbronzezeitlichen Gräberfeldern von Herne-Schloßpark, Strünkede und Recklinghausen-Ludgerusstraße.
HITZACKER *Archäologisches Zentrum*
Das Archäologische Zentrum Hitzacker ist ein Freilichtmuseum auf einem seit der Jungsteinzeit bewohnten Siedlungsplatz in Hitzacker am Zusammenfluß von Jeetzel und Elbe. Seit 1990 werden dort drei Langhäuser, mehrere Grubenhäuser und zahlreiche wirtschaftliche sowie technologische Produktionsanlagen der Bronzezeit rekonstruiert. Neben unterschiedlichen Ausstellungen führt man Versuche im Rahmen der experimentellen Archäologie, regelmäßig handlungsorientierte Aktionsprogramme und »Tage der Lebendigen Archäologie« durch. Hier können die Teilnehmer und Besucher Lebenszusam--menhänge und Produktionstechniken der Bronzezeit unmittelbar nachempfinden. Das Archäologische Zentrum Hitzacker ist von April bis Oktober jeweils von Mittwoch bis Sonntag geöffnet.
HOCHHEIM AM MAIN *Otto-Schwabe-Museum*
Gebißstange, kleiner Bronzedolch, Bronzemesser, drei kleine Knickwandschalen, Urne, Schüsseln, Griffzungenschwert.

HOHENLEUBEN Museum *Reichenfels*
Keramik, Waffen und Schmuck der Bronzezeit von verschiedenen Fundorten.
HOHENLIMBURG *Museum*
Bronzene Beilklingen aus dem Hagener Raum. Doppelkonische Graburne von Oestrich. Frühbronzezeitliche Dolchklingen aus dem Hagener Raum.
HÖXTER-CORVEY *Museum*
Ältere Bronzezeit: Bronzenes Absatzbeil aus Bosseborn. Bronzebeil von der Fundstelle Ascher-Berg bei Höxter. Bronzedolch aus Herstelle. Bronzedolch der älteren oder jüngeren Bronzezeit aus Iburg bei Bad Driburg. Keramik und Urnen aus der Spätbronzezeit von Godelheim.
INGOLSTADT *Stadtmuseum*
Depotfund von triangulären Vollgriffdolchen und weitere Depotfunde (Ösenringbarren), im Block geborgene Grabgruppe aus Ingolstadt. Funde aus dem Gräberfeld der Urnenfelder-Kultur von Zuchering.
JENA *Sammlung des Bereichs Ur- und Frühgeschichte der Friedrich-Schiller-Universität zu Jena (nicht öffentlich zugänglich)*
Depotfunde von Münchenroda, Crölpa-Löbschütz, Graitschen, Dornburg, Kunitz und Rastenberg, Funde aus Gräberfeldern von Kunitz, Laasdorf, Eichenberg und Großeutersdorf.
KARLSRUHE *Badisches Landesmuseum*
Bronzene Waffen, Geräte und Schmuck von der frühen bis zur späten Bronzezeit aus Engen, Berghausen, Stockach und anderen Fundorten.

KASSEL *Hessisches Landesmuseum (Abteilung Vor- und Frühgeschichte)*
Bronzeobjekte der Hügelgräber-Kultur und Urnenfelder-Kultur aus der Fulda zwischen Kassel-Waldau und Bergshausen, Kreis Kassel. Funde der Hügelgräber-Kultur von Unterbimbach und Molzbach, Kreis Fulda, sowie aus den Brandgräberfeldern der Urnenfelder-/Hallstatt-Kultur von Vollmershausen, Kreis Kassel.
KELHEIM *Archäologisches Museum der Stadt*
Siedlungsfunde vom Frauenberg bei Weltenburg. Grabin--ventare von Kelheim und Saalhaupt. Funde aus dem Urnengräberfeld von Kelheim und vom Opferplatz Schellnecker Wänd bei Essing.
KEITUM *Sylter Heimatmuseum*
Keramik, Werkzeuge (Beile), Waffen (Dolche, Schwerter) und Schmuck. Modelle vom Hausbau und der Bronzegießerei.
KONSTANZ *Archäologisches Landesmuseum Baden-Württemberg, Außenstelle Konstanz*
Funde aus der »Siedlung Forschner« am Federsee und der Seeufersiedlung Bodman-Schachen am Bodensee: Randleisten-, Lappen- und Tüllenbeile, Kugelkopfnadel, Holzpfosten, Fragment eines Einbaumes, Töpferware. Holzmodell der stark befestigten »Siedlung Forschner«. Querschnitte von Holzpfosten zur Verdeutlichung der dendrochronologischen Methode und der bronzezeitlichen Holzbearbeitungstechnik.
KORB-KLEINHEPPACH *Steinzeitmuseum*
Keramik, Bronzepfeilspitzen und Bronzedolch.

KOBLENZ *Mittelrhein-Museum*
Knickwandurnen, ein Rasiermesser, Klingen, Beile, Radnadeln und Armreifen.
KONSTANZ *Rosgartenmuseum*
Funde aus Seeufersiedlungen am Bodensee.
KÖTHEN *Heimatmuseum*
Depotfund der Aunjetitzer Kultur von Trebbichau. Zylinderhalsterrine, Lanzenschuh, Speerspitze, Halskragen aus Goldspiralen, Armbergen, Fußringe, Plattenfibel der Saalemündungs-Gruppe aus einem Brandgrab von Köthen.
LANDSHUT *Stadt- und Kreismuseum*
Straubinger Kultur: Keramikreste und Bronzespangen aus Schwimmbach. Hügelgräber-Kultur: Grabfunde von Eugenbach und Pörndorf. Urnenfelder-Kultur: Keramik, bronzene Lanzenspitze, Messer, Bronzering, zwei Schaukelringe und Vasenkopfnadel unweit der Einöde Böhmhartsberg. Depotfunde von Winkelsaß und Hader. Auvernier-Schwert von Bruck an der Alz mit Elfenbeinplatte und Eisentauschierung.
LAUINGEN *Heimatmuseum*
Ries-Gruppe: Funde aus dem Hockergräberfriedhof der Ries-Gruppe von Lauingen. Urnenfelder-Kultur: Keramik und Bronzen aus Siedlungen und Gräbern.
LAUTERBACH *Hohhaus-Museum*
Hügelgräber-Kultur: reicher Schmuck aus Frauengrä-bern wie Rad-, Doppelrad-, Brillen-, Doppelspiral- und Kegelkopfnadeln, Armreifen, Spiralarmreifen, Halsringe und Halskragen. Urnenfelder-Kultur: Waffen und Werkzeuge aus Männergräbern, wie Speerspitzen, Dolche, Absatzbeile,

Randleisten-, Lappenbeil und Sicheln.
LEIPZIG *Naturkundemuseum*
Keramik der Aunjetitzer und Lausitzer Kultur aus dem Raum Leipzig.
LIPPSTADT *Städtisches Heimatmuseum*
Bronzeabsatzbeil aus Waldhausen, Kreis Soest.
LÜBSTORF *Archäologisches Landesmuseum, Schloß Wiligrad*
Kupferflachbeil von Kirch Jesar. Stabdolchdepot von Melz. Bronzetassen von Basedow. Depotfund von Roga. Depotfund von Ueckeritz. Bronzewagen von Peckatel. Horn von Wismar.
MAGDEBURG *Kulturhistorisches Museum*
Dreifachbestattung der Aunjetitzer Kultur von Stemmern. Baggerfunde aus der Elbaue in Magdeburg von der Hügelgräber-Bronzezeit bis in die Hallstatt-Zeit, wie Schwerter, Lanzenspitzen, Beile, Hängebecken, Nadeln, Armberge, Fibeln, Hals- und Armringe. Siedlungsfunde der Saalemündungs-Gruppe aus Magdeburg, Glockengrab von Eickendorf mit Tüllenmeißel und Lanzenspitze.
MAINZ *Landesmuseum*
Zahlreiche Keramik-, Waffen- und Schmuckfunde von der Früh- bis zur Spätbronzezeit. Wichtige Depotfunde, frühe Goldarbeiten verschiedener Kulturen, vor allem der Hügelgräber-Kultur und der Urnenfelder-Kultur.
MAINZ *Römisch-Germanisches Zentralmuseum, Abteilung Vorgeschichte*
Originale und Kopien von zahlreichen in den Werkstätten des Römisch-Germanischen Zentralmuseums restaurierten bronzezeitlichen Werkzeugen, Waffen, Schmuck-

stücken, Kunstwerken, Musikinstrumenten und Kultobjekten aus Europa und dem Vorderen Orient.

MAYEN *Eifeler Landschaftsmuseum*

Kultrassel, zahlreiche Schmuckteile, Gewandnadeln, Fibeln, Bronzebeil und -schwert. Tonschalen und Urnen der Urnenfelder-Kultur.

MENDEN/SAUERLAND *Städtisches Museum*

Randleistenbeil aus Bronze von Sümmern bei Menden. Offener Bronzering und Bronzedrahtringe aus der Leichenhöhle.

MINDEN *Mindener Museum für Geschichte, Landes- und Volkskunde*

Scherben und Tongefäße von den Hügelgräberfeldern Buhn bei Uffeln, Seelenfelder Heide, Porta, Leteln und Dankersen. Verschiedene Geräte und Schmuck aus Costedt. Vollständig erhaltenes Griffzungenschwert aus Minden.

MÖNCHENGLADBACH *Städtisches Museum Schloß Rheydt*

Durchbohrte Steingeräte, Bronzebeile und Schmuck.

MÜHLHAUSEN *Heimatmuseum*

Aunjetitzer Kultur: In Originallage aufgebautes »Etagengrab« mit zwei Hockerbestattungen von Ammern, Unstrut-Hainich-Kreis. Größere Kollektion von Keramikgefäßen, Stein- und Bronzegeräten aus Gräbern aus dem Unstrut-Hainich-Kreis. Beigaben eines »Fürstengrabes« von Österkörner (Flur »Langel«), Unstrut-Hainich-Kreis. Spätbronzezeit: Schmuckdepotfunde (vier Halsringe, zwei Armspiralen, vier kleine Bronzedrahtspiralen, ein Armringfragment) von Mühlhausen-Görmarsche Landstraße.

MÜNCHEN *Prähistorische Staatssammlung, Museum für Vor- und Frühgeschichte*
Depot- und Grabfunde aus Südbayern. Schwerter aus bayerischen Flüssen. Wagengrab der Urnenfelder-Kultur aus Hart an der Alz, Kreis Altötting.
MÜNSTER *Westfälisches Museum für Archäologie*
Alt- und Mittelbronzezeit: Grabfunde (unter anderem mit Sögel- und Wohlde-Schwert). Baumsarg von Heiden. Depotfunde von Hausberge, Halle-Oldendorf, Olfen und Sassenberg. Jüngere Bronzezeit: Bronzesitula von Olsberg-Gevelinglinghausen. Depotfund von Münster-Handorf. Grabfunde mit Modellen (Godelheim, Telgte-Raestrup).
NEUBRANDENBURG *Historisches Bezirksmuseum*
Bronzedepotfunde (Barrenringe, Schmuck- und Trachtenbestandteile), Waffen (Bronzeschwerter, -dolche, -lanzenspitzen). Einzelne Schmuck- und Kultgegenstände. Knochen-, Geweih- und Steinwerkzeuge, Tongefäße.
NEUMARKT/OBERPFALZ *Heimatmuseum*
Randleistenbeile, Beinbergen, Halskette aus fünf scheibenund zwei herzförmigen Anhängern, Rad- und Kugelkopfnadeln. Arm- und Halsreifen sowie diverse Gewandverzierungen.
NEUMÜNSTER *Textilmuseum*
Gewebefragmente und rekonstruierte Kleidung.
NEUNBURG VORM WALD *Schwarzachtaler Heimatmuseum*
Bronzebeil von Berndorf bei Rötz, Kreis Cham. Rahmengriffmesser aus dem Taxölderner Forst, Kreis Schwandorf. Bronzenes Griffdornmesser von einem unbekanntem Fundort.

NEUSTADT *Kreismuseum Ostholstein*
Bronzezeitliche Funde aus Ostholstein.
NEUWIED *Kreismuseum*
Hügelgräber-Kultur: Grabbeigaben aus Heddersdorf, Heimbach und Weis. Urnenfelder-Kultur: Funde aus Brandgräbern.
NIENBURG *Museum*
Kollektion diverser Feuersteindolche. Grabfunde des Sögel-Wohlde-Kreises. Depotfund aus Landesbergen. Urnen, Nadeln, Messer und Toilettegerät der jüngeren Bronzezeit.
NÖRDLINGEN *Stadtmuseum*
Frühbronzezeit: Grabfunde der Ries-Gruppe aus Nähermemmingen. Hügelgräber-Kultur: Depotfund von Bühl mit verschiedenen, meist schon alt beschädigten Werkzeugen, Waffen, Schmuck und Gußbrocken.
NÜRNBERG *Germanisches Nationalmuseum*
Spangenbarren aus Schwaben. Schwert der Hügelgräber-Kultur aus Süddeutschland. Frauenschmuck der Hügelgräber-Kultur aus Mittelfranken. Frauenschmuck aus der Bronzezeit Norddeutschlands. Rasiermesser mit schiffsförmiger Gravierung aus Norddeutsch-land. Tongefäße der Lausitzer Kultur. »Goldener Hut« (Goldblechkegel) der Urnenfelder-Kultur von Etzelsdorf-Buch, Kreis Nürnberg-Land.
NÜRNBERG *Naturhistorisches Museum*
Schwert von Nürnberg-Hammer. Grabinventare von Behringersdorf und Henfenfeld. Reichhaltiges Material der Hügelgräber-Kultur aus der Oberpfalz. Hausrekonstruk-

tion im Maßstab 1:1 der Siedlung Untermainbach.
OLDENBURG *Staatliches Museum für Naturkunde und Vorgeschichte*
Depot- und Schatzfunde aus Mooren. Beigaben aus dem Steinkistengrab des Sögel-Wohlde-Kreises von Bargloy.
PERLEBERG *Heimatmuseum*
Keramik, Werkzeuge und Schmuck aus der Bronzezeit von Fundstellen der westlichen Prignitz.
Mittlere Bronzezeit: Grab von Pirow. Depotfunde von Perleberg und Simonshagen (2). Jüngere Bronzezeit: Funde aus Siedlungsgrabungen von Viesecke und Lenzersilge. Depotfunde von Lenzersilge (2). Nachbildungen der Funde des »Königsgrabes« von Seddin.
PLÖN *Museum des Kreises*
Vermutlich bronzezeitlicher (oder jungsteinzeitlicher) Schalenstein aus Nessendorf. Wenige Einzelfunde von verschiedenen Fundstellen.
POTSDAM-BABELSBERG *Brandenburgisches Landesmuseum für Ur- und Frühgeschichte*
Frühbronzezeitlicher Depotfund aus Guben-Bresinchen, Kreis Spree-Neiße, bestehend aus 103 Beilen, zehn Dolchen und 32 Ringen. Bronzener Kultwagen von Potsdam-Eiche. Goldarmreif von Nassenheide, Kreis Oberhavel. Reichhaltige Keramikbestände von jungbronze-/früheisenzeit-lichen Gräberfeldern beim ehemaligen Tornow, Kreis Oberspreewald-Lausitz, Neuendorf und Klein-Lieskow, Kreis Spree-Neiße, sowie Klinge, Kreis Spree-Neiße.
RECKLINGHAUSEN *Vestisches Museum*

Urnen und Beigefäße der jüngeren Bronzezeit aus der Grabanlage Recklinghausen-Röllinghausen.
REGENSBURG *Museum der Stadt*
Frühbronzezeitliche Grab- und Depotfunde, zahlreiche Schmuckgegenstände und Waffen aus alten Grabungen in Grabhügelfeldern des Oberpfälzer Jura.
RÖMHILD *Steinsburgmuseum*
Schmuck, Waffen und Geräte aus Bronze von verschiedenen Fundorten der Hügelgräber-Kultur.
ROTENBURG/WÜMME *Heimatmuseum*
Bronzebeile und zahlreiche Urnengräber der jüngeren Bronzezeit.
SAARBRÜCKEN *Landesmuseum für Vor- und Frühgeschichte*
Urnenfelder-Kultur: Depotfund aus Reinheim, Kreis Sankt Ingbert, mit Armschmuck, Klapperblechen und Zierbuckel.
SALZWEDEL *Johann-Friedrich-Danneil-Museum*
Depotfunde aus Kläden und Groß Schwechten, Kreis Stendal. Exponate der nordischen Bronzezeit sowie Feuersteindolche.
SCHLESWIG *Archäologisches Landesmuseum der Christian-Albrechts-Universität Kiel*
Zahlreiche Funde aus der nordischen Bronzezeit: ungarisches Bronzeschwert von Fahrenkrug, Kreis Segeberg.Bronzetasse aus Löptin, Kreis Plön. Goldgefäß aus Gönnebek, Kreis Segeberg. Schwert aus Heringsdorf-Klenau, Kreis Oldenburg/Holstein. Lanzenspitze aus Eisendorf, Kreis Rendsburg-Eckernförde. Goldgefäß aus Albersdorf, Kreis Dithmarschen. Messer mit Frauengestalt

als Griff bei Beringstedt nördlich von Itzehoe, Kreis Rendsburg-Eckernförde.

SCHÖNEBECK/ELBE *Kreismuseum*

Plattenfibel aus Bronze von Calbe/Saale. Armspirale aus Schönebeck. Radnadeln aus Schönebeck und Rosenburg. Bronzespeerspitzen von Calbe/Saale, Randleistenbeil aus Schönebeck und Schwarz.

SCHWÄBISCH HALL *Keckenburgmuseum*

Bronzezeitliche Keramik, Waffen (Bronzedolche und -beile) und Schmuck der Gegend von Schwäbisch Hall. Keramik, tönerne Webgewichte, Werkzeuge, Waffen und Schmuck der Urnenfelder-Kultur aus der Umgebung von Schwäbisch Hall.

SCHWERTE *Ruhrtal-Museum*

Flachbeil aus Villigst. Graburnen und Beigefäß aus Schwerte/Engste. Pfeilspitze aus Schwerte-Ost.

SIGMARINGEN *Fürstlich Hohenzollernsches Museum*

Serie von Schwertern aus Veringenstadt, Kreis Sigmaringen, und von anderen Fundorten.

SIMMERN *Hunsrückmuseum*

Bronzeabsatzbeile und Bronzedolch aus der Bronzezeit. Urnen, Schalen und Becher aus der Urnenfelder-Kultur.

SINGEN AM HOHENTWIEL *Hegau-Museum*

Trachtbestandteile, Schmuck und Dolche aus dem früh--bronzezeitlichen Gräberfeld der Singener Gruppe von der Nordstadtterrasse in Singen am Hohentwiel. Depot bronzener Salez-Beile aus Stockach-Hindelwangen, Kreis Konstanz. Reiche Grabfunde der Urnenfelder-Kultur von von der Nordstadtterrasse in Singen, darunter eines

der ältesten Eisenschwerter Mitteleuropas vom Ende der Urnenfelder-Kultur.
SPEYER *Historisches Museum der Pfalz*
Frühbronzezeit: Verwahrfund, unter anderem mit Schmiedehämmern, aus Meckenheim, Kreis Ludwigshafen. Goldarmringe aus Böhl-Iggelheim, Kreis Ludwigshafen. Hügelgräber-Kultur: »Goldener Hut« (Goldblechkegel) aus Schifferstadt, Kreis Ludwigshafen. Urnenfelder-Kultur: Bronzene Wagenräder (Teile eines Prozessionswagens) aus Haßloch, Kreis Neustadt an der Weinstraße. Gußformen aus Meckenheim, Kreis Ludwigshafen.
STADE *Schwedenspeicher-Museum*
Gießereifund mit Absatzbeilen aus Stade. Depots mit Bronzebecken aus Holtum-Geest und Oerel, beide Kreis Rotenburg/Wümme. Vier Bronzeräder eines Kultwagens der jüngeren Bronzezeit aus Stade.
STENDAL *Altmärkisches Museum*
Aunjetitzer Tasse und Knochennadeln vom endneolithisch-frühbronzezeitlichen Körpergräberfeld Storkau, Kreis Stendal. Doppelkonus, Deckschale, Rillenhammer und Bronzeschmuck vom jungbronzezeitliche Urnengräberfeld Volgfelde, Kreis Stendal. Gedrehte Ösenhalsringe und Armringe des jungbronzezeit-ichen Depotfundes von Volgfelde, Kreis Stendal. Möriger Schwert und Antennenschwert aus dem jungbronzezeitlichen Depotfund von Hindenberg, Kreis Stendal. Randleisten-, Absatz- und Tüllenbeile, Lanzenspitzen und Bronzeschmuck (Halskragen, Schmuckdose, Armbergen usw.) als Einzelfunde.
STRALSUND *Kulturhistorisches Museum*

Goldschalen von Langendorf bei Stralsund. Depotfund von Morgenitz, Kreis Ostvorpommern. Depotfund von Pluckow, Kreis Rügen.

STRAUBING *Gäubodenmuseum*

Straubinger Kultur: Grabfunde aus dem Raum Straubing. Hügelgräber-Kultur: Grabfunde aus dem Raum Straubing.

STUTTGART *Württembergisches Landesmuseum*

Frühbronzezeit: Funde der Neckar-Gruppe, unter anderem vom Gräberfeld Remseck-Aldingen. Steinerner Statuenmenhir von Tübingen-Weilheim mit Darstellung von Stab--dolchen. Hügelgräber-Kultur: Reiche Sammlung von Funden von der Schwäbischen Alb aus Grabhügeln: Keramik, Trachtbestandteile und Waffen. Urnenfelder-Kultur: Depot mit 19 Sandstein-Gußformen aus Heilbronn-Neckargartach.

THALMÄSSING *Vor- und frühgeschichtliches Museum*

Funde aus Grabhügeln der Mittel- und Spätbronzezeit bei Waizenhofen, Dixenhausen, Schutzendorf und Lay (alle im Kreis Roth). Siedlungsfunde der Urnenfelder-Kultur bei Waizenhofen.

TRIER *Rheinisches Landesmuseum*

Hügelgräber-Kultur: Depotfund bei Trassem, Kreis Trier-Saarburg, mit Bronzebeilen und -dolch sowie Goldschmuck.

Urnenfelder-Kultur: Waffen aus der Mosel, entlang der Saar, Sauer und Kyll. Depotfund von Konz mit sieben Bronzebeilen, Lanzenspitze und Bronzebeilgußform. Gußformen von Preist an der Kyll und Wallerfangen. Depotfund von Horath mit 22 Ringen und zwei durchbrochenen

Zierstücken vom Pferdegeschirr sowie scheibenförmiges Klapperblech aus Wallerfangen. Schmuck aus Gräbern von Niederweis, Berndorf, Trier-Feyne und Minden.

ÜBERLINGEN *Heimatmuseum*

Schmuck (Anhänger, Ringe, Gewandnadeln und sonstige Nadeln) sowie Werkzeuge (Messer, Sichel, Beile) und Waffen (Lanzenspitzen) aus der Bronzezeit von verschiedenen Fundorten.

ULM *Ulmer Museum, Prähistorische Sammlungen*

Funde aus der frühbronzezeitlichen Höhensiedlung in Ehrenstein. Flußfunde der Hügelgräber-Kultur und Urnenfelder-Kultur aus Donau und Iller.

UNNA *Hellwegmuseum*

Bronzenes Absatzbeil aus Unna.

UNTERUHLDINGEN *Pfahlbaumuseum*

Funde von den »Pfahlbauten« bei Unteruhldingen: Lanzen- und Pfeilspitzen, Gewand- und Nähnadeln, Gold-, Ohr- und Fingerringe, Ahlen, Messer, Angelhaken, Bronze- und Kupferbeile sowie ein Vorratsgefäß aus Bronze, Spinnwirtel, verzierte Scherben und Tongefäße. Schlammplatte aus Eichenholz (diente als Tragfläche an Pfählen auf Seeschlamm).

VERDEN/ALLER *Heimatmuseum*

Schwerter, Dolche, Beile, Lanzenspitzen, Armreifen und Nadeln.

WALSRODE *Heidemuseum*

Steinmesser, Bruchstücke eines Bronzeschwertes, Teile von Bronzegegenständen, Bruchstücke einer Sichel und eines Armbandes, Lanzenspitzen.

WARSTEIN *Städtisches Museum »Haus Kupferhammer«*
Bronzezeitliche Steinbeile aus der Umgebung von Warstein.
WEIMAR *Museum für Ur- und Frühgeschichte Thüringens*
Menschenopferreste, Gefäße und Bronzen aus den Kult--höhlen von Bad Frankenhausen, Kyffhäuser-Kreis. Bronze- und Bernsteinschmuck, Waffen, Geräte und Textilreste der Hügelgräber-Kultur von Schwarza, Kreis Schmalkalden-Meiningen. Keramik und Bronzeschmuck aus dem birituellen Gräberfeld der Unstrut-Kultur von Erfurt.
WERNE *Altes Amtshaus, Karl-Pollender-Stadtmuseum*
Urnen der Spätbronzezeit oder der älteren Eisenzeit aus Werne.
WIESBADEN *Museum Wiesbaden, Sammlung Nassauischer Altertümer*
Frühbronzezeitlicher Depotfund mit fünf Dolchen aus Gau-Bickelheim, Kreis Alzey-Worms.
WEILBURG/LAHN *Heimat- und Bergbaumuseum*
Randleistenbeil und Knopfsichel.
WOLFENBÜTTEL *Braunschweigisches Landesmuseum*
Aunjetitzer Kultur: Depotfund von Dettum.
Nordische Bronzezeit: Depotfund von Watenstedt.
WOLFHAGEN *Regionalmuseum, Neues Museum im alten Renthof*
Kleinfunde aus Hügelgräbern der Region Wolfhagen.
WORMS *Museum der Stadt im Andreasstift*
Funde der Adlerberg-Kultur vom namengebenden Wormser Adlerberg. Depotfunde, Schild und Waffen verschiedener bronzezeitlicher Kulturen.

WÜRZBURG *Mainfränkisches Museum*
Urnenfelder-Kultur: Bronzener Kultwagen und Zierscheiben aus Acholshausen. Depotfunde vom Bullenheimer Berg mit Waffen und Schmuckstücken.
WYK AUF FÖHR *Dr.-Carl-Häberlein-Friesen-Museum*
Nordische ältere Bronzezeit: Dolche, Schwert, Fibel, Halskragen und Armband von Föhr. Nordische jüngere Bronzezeit: Tönerne Urnen sowie bronzene Tüllenbeile, Rasiermesser, Pinzetten und Pfrieme von Föhr.

Österreich (Auswahl)

ASPARN AN DER ZAYA *Museum für Urgeschichte, Freilichtmuseum*
Frühbronzezeit: Keramik und Bronzefunde frühbronzezeitlicher Gräberfelder von Niederösterreich. Siedlungsfunde von Böheimkirchen. Mittelbronzezeit: Gräberfunde von Pitten, darunter drei Diademe, Stachelscheiben, Nadel, Dolche, Gürtelblech. Urnenfelder-Kultur: Depotfunde von Haslau an der Donau mit Sicheln, Bronzegefäßen, Brillenfibeln, Tüllenbeilen. Grabfunde von Baumgarten im Tullnerfeld, darunter Bronzegefäß, Mohnkopfnadel, Griffdornmesser, Keramik.
BERNHARDSTHAL *Heimatmuseum*
Keramik von etwa 80 Hockergräbern, Fingerringe, Ohrringe, Armreifen, Bronzebarren, Pfeilspitze aus Bronze.
EGGENBURG *Krahuletz-Museum*
Frühbronzezeit: Gräberfunde von Roggendorf. Depotfund von Neudorf bei Staaz, darunter Ösenhalsringe, Bronzemanschetten, Noppenringe, Scheibenkopfnadeln, Zierscheiben. Mittelbronzezeit: Hügelgräberfunde von Maiersch und Theras, viele Gefäße, Petschaftskopfnadel, Fingerring mit Spiralscheiben, Messer, Dolch. Urnenfelder-Kultur: Gefäßdepot von Großmeiseldorf.
EISENSTADT *Burgenländisches Landesmuseum*
Frühbronzezeit: Keramik der Wieselburger Kultur von Gattendorf, Jois und Leithaprodersdorf. Litzenkeramik vom Taborac bei Draßburg, von Großhöflein-Föllik, Mattersburg, Deutschkreuz und Girm, alle im Burgenland.

Mittelbronzezeit: Langdolche aus Neufeld an der Leitha und Pöttsching. Vollgriffschwert aus Zurndorf im Bur--genland. Nadeln, Armreife und -spiralen sowie Anhänger aus der Mittelbron-zezeit des Burgenlandes. Spätbronzezeit: Kriegergrab der Caka-Gruppe von Siegendorf mit Griffzungenschwert, Rasiermesser, Lanzenspitze, Nadel und zwölf Gefäßen. Depotfunde der Urnenfelder-Kultur von Draßburg, Donnerskirchen und Rotenturm, alle im Burgenland.

ENNS *Museum Lauriacum*

Mittelbronzezeit: Dolchklinge, vergoldeter Vollgußarmreif, Bronzebeil mit mittelständigem Schaftlappen, Petschaftsknopfnadel. Urnenfelder-Kultur: quergerippte Armreife, große Nadeln mit profiliertem Kopf, Lochsichel, Griffzungenmesser, Schalenknaufschwert, Lanzenspitzen. Grabfund: Griffzungenschwert, geschweiftes Griffangelmesser, halbkreisförmiges Rasiermesser, Leistenurne.

GRAZ *Landesmuseum Joanneum*

Stabdolche und Schwerter aus der Badlhöhle und von Bad Aussee sowie Keramik, Bronzenadeln und -beile. Entwicklung der Schwertformen von der Bronze- zur Urnenfelder-Zeit mit Funden aus der Steiermark. Urnenfelder-Kultur: Grabinventar aus Wörschach mit tönernen Urnen, Schalen aus Ton und Bronze, Bronzeschwert, -sicheln und -beschläge. Grabinventare aus Kalsdorf mit Urnen, Tonschalen, Leichenbrand mit Bronzeresten und Spinnwirteln. Backplatte, »Feuerböcke«, Tongefäße, Spinnwirtel und Webstuhlgewichte von Bärnbach/Heiliger Berg. Weitere Funde ähnlicher Art von Ligist/Dietenberg, Sankt

Margarethen/Fötzberg. Sicheln, Lanzen und Beile aus Bronze von verschiedenen Fundorten der Steiermark. Depotfunde aus der Drachenhöhle bei Mixnitz.
GUNTRAMSDORF *Heimatmusem*
Funde der Urnenfelder-Kultur.
HALLSTATT *Prähistorisches Museum*
Einzelfunde aus der Bronzezeit: Vollgriffschwert, Meißel, Dolche, Lanzenspitzen, Beile und Nadeln.
HERZOGENBURG *Augustiner-Chorherrenstift*
Frühbronzezeit: Tongefäße, bronzene dreieckige Dolche, Gewandnadeln und Schmuck. Hügelgräber-Kultur: einige spärliche Funde. Urnenfelder-Kultur: Urnen und steinerne Gußform eines Tüllenbeiles.
HOHENAU/MARCH *Heimatmuseum*
Früh- und Mittelbronzezeit: Gefäße (Henkeltassen, Schalen, Töpfe), Bronzenadeln, -spiralen und -ringe. Griffangeldolch der Aunjetitzer Kultur, Speerspitze der Urnenfelder-Kultur.
HORN *Höbarth-Museum*
Mittelbronzezeit: Tönerne Urnen und Schalen, Töpferdepot und Gußformen aus Ravelsbach östlich von Horn. Urnenfelder-Kultur: Bronzene Schwerter und Armreife von Baierdorf. Zahlreiche Funde aus dem Brandgräberfeld bei der ehemaligen Ziegelei Horn. Kleine Tonfigur einer Kröte von Maissau.
INNSBRUCK *Tiroler Landesmuseum Ferdinandeum*
Frühbronzezeit: Bronzedolch von Patsch. Bronzene Waffen und Schmuck von Ried. Bronzefunde von Zams. Mittelbronzezeit: Schwert von Absam, Dolchklinge von

Ampass. Urnenfelder-Kultur: Keramik und Bronzegegenstände aus zahlreichen Gräbern in Nordtirol.

IMST *Heimatmuseum*

Funde aus dem Friedhof der Nordtiroler Urnenfelder-Kultur in Imst.

KLAGENFURT *Landesmuseum für Kärnten*

Siedlungsfunde der Urnenfelder-Kultur vom Rabenstein und Kathrinkogel. Depotfunde der Urnenfelder-Kultur aus Augsdorf und Haidach.

KREMS *Stadtmuseum*

Frühbronzezeit: Dolch, Barrenringe und Keramik. Mittelbronzezeit: Bronzebeile, Armband, Nadel und Keramik. Urnenfelder-Kultur: Schwert, Sichel, Messer, Nadel, Pfeilspitzen und Keramik aus der Umgebung von Krems. Urnen und Tongefäße aus Hadersdorf am Kamp.

LANGENLOIS *Heimatmuseum*

Aunjetitzer Kultur: Stein- und Knochengerät aus Langenlois. Urnenfelder-Kultur: Keramik und Bronzeschmuck (Nadeln, Fibeln, Halsringe) aus Hadersdorf am Kamp.

LINZ *Oberösterreichisches Landesmuseum*

Straubinger Kultur: Funde aus den großen Hockergräberfeldern in der Welser Heide bei Haid und Holzleithen. Funde vom Felsvorsprung »Berglitzl« bei Gusen. Mittelbronzezeit: Funde von der »Berglitzl« bei Gusen. Urnenfelder-Kultur: Bronzedepotfunde aus Feldkirchen an der Donau und Viechtwang.

LINZ *Stadtmuseum*

Straubinger Kultur: Grabbeigaben aus Linz-Sankt Peter wie Waffen, Gürtelhaken, Schmuck und Keramik. Mittel-

bronzezeit: Einzelfunde. Urnenfelder-Kultur: Schmuck, Gürtelhaken, Fibeln, Griffangelmesser, Tüllenpfeil- und -lanzenspitzen aus Brandgräbern von Linz-Sankt Peter. Griffzungenschwert (Flußfund).
MANNERSDORF AM LEITHAGEBIRGE *Museum*
Urnenfelder-Kultur: Verziertes Steinkistengrab von Sommerein in Niederösterreich.
MELK *Heimatmuseum*
Schmuckstücke aus Gräbern, wie Armreife, Ringe, Nadeln und Glasperle. Bronzebeile, Schwert, Dolch und Dolchklinge. Schmuckkette aus Knochenplätt-chen. Barrenringe, Messer, Nähnadel und Tongefäße.
MÖDLING *Stadtmuseum*
Frühbronzezeit: Keramikreste vom Jennyberg bei Mödling (davon mehr als 60 Stück aus der Sammlung von Oskar Spiegel) – 53 Zentimeter hohe henkellose Amphore, Henkeltasse vom »Typ Trausdorf« und abgeleitete Formen (Schüsseln, Terrinen), henkellose Amphoren. Mittelbronzezeit: Armreif mit Spiralenden. Urnenfelder-Kultur: Keramik aus Urnenbrandgräbern, darunter Doppelkonus und Sauggefäß in Tierform.
MONDSEE *Museum*
Keramikreste und Bronzeobjekte der Attersee-Gruppe aus den Seeufersiedlungen Abtsdorf I und Seewalchen am Attersee.
NUSSDORF AN DER TRAISEN *Urzeitmuseum*
Frühbronzezeitliche Hockergräberfunde von den Gräberfeldern Franzhausen und Gemeinlebarn F. Mittelbronzezeit: Körper- und Brandgräberfunde der Hügelgräber-Kultur von

Franzhausen. Urnenfelder-Kultur: Depotfund bei Kapelln mit Bronzetassen, Gußkuchen, Beilen, Lanzenspitzen sowie Draht- und Blechschmuck.

PITTEN *Heimatmuseum*

Dokumentation der Grabungen auf den Gräberfeldern von Pitten. Funde der Hügelgräber-Kultur aus Pitten wie bronzene Stachelscheiben (Malteserkreuze), Gewandnadeln und Blechgürtel.

RETZ *Heimatmuseum*

Aunjetitzer Kultur: Keramik und Bronzegeräte aus Siedlungen, Gräbern und Depots.

ROSENBURG-MOLD *Burgsammlung Engelshofen Rosenburg*

Bronzene Ösenhalsringe, Dolchklingenfragmente, Sicheln, Flach- und Tüllenbeile, Armspiralen, Nadeln, Fibelbruchstücke, Ringe, Keramik, Webgewichte, Spinnwirtel, vor allem aus der »Heidenstatt« bei Limberg und Roggendorf.

SALZBURG *Salzburger Museum Carolino Augusteum*

Funde aus dem Kupferbergwerk am Mitterberg. Helm vom Paß Lueg. Funde aus den Urnengräbern in Obereching.

SANKT PÖLTEN *Diözesanmuseum*

Bruchstück einer Schwertklinge.

STOCKERAU *Bezirksmuseum*

Keramik und Bronzen (Bronzebarren, Ringe, Armspiralen, Nadeln, Messerklingen) aus der Früh-, Mittel- und Spätbronzezeit.

TULLN *Museumszentrum im Minoritenkloster*

Frühbronzezeit: Keramik aus Freundorf, Fels, Großweikersdorf, Mallon und Trasdorf. Glänzend schwarz

graphitierte Keramik aus Hippersdorf.
VILLACH *Museum der Stadt*
Lappenbeile, Speerspitzen und Dolchklingen von verschiedenen Fundorten. Zwei Griffzungenschwerter aus einem Depotfund bei Annenheim am Ossiacher See. Bronzezeitliche Urnen aus Villach-Landskron. Keramik der Laugen-Melaun-Gruppe aus einer Höhle bei Warmbad-Villach.
WELS *Stadtmuseum*
Frühbronzezeit: Randleistenbeil aus Wels-Brandeln. Absatzbeil aus Fernreith, Gemeinde Gunskirchen. Mittelbronzezeit: Lappenbeil und Dolchklinge aus Wels. Urnenfelder-Kultur: Urnen und Beigaben (Schmuck, Waffen) aus dem Gräberfeld am Welser Flugplatz. Bronzewerkzeuge aus Aschet und Steinhaus bei Wels. Schmuck aus Wels und Rüstorf, Bezirk Vöcklabruck. Bronzeschwerter und Lanzenspitzen aus Wels und Wels-Land.
WIEN *Historisches Museum*
Bronzene Werkzeuge (Originale) und Waffen (Kopien) sowie Tongefäße aus Gräbern des Wiener Stadtgebietes.
WIEN *Naturhistorisches Museum, Schausammlung der Prähistorischen Abteilung*
Frühbronzezeit: Keramik, Bronze-, Gold- und Schneckenschmuck von den Gräberfeldern Hainburg-Teichtal und Gemeinlebarn. Ringbarrendepot von Sankt Pölten. Mittel- bis Spätbronzezeit: Goldfunde aus Siebenbürgen. Wichtige Depotfunde mit Nackenscheibenäxten, Armbergen, tonnenförmige Perlen. Urnenfelder-Kultur: Bronzedepot mit Pferdetrensen von Stillfried. Weitere Depotfunde von der Art der Gießerdepots.

WIENER NEUSTADT *Stadtmuseum*
Bronzesichel aus Wöllersdorf sowie Tüllenbeil, Lappenbeil, Bronzesichel und Hohlmeißel.
WIESELBURG *Stefan-Denk-Sammlung der Stadtgemeinde*
Armreife, Beile und Urnen aus der Umgebung von Wieselburg sowie von Persenbeug und Petzenkirchen. Armreif und Dolch aus einem Hockergrab von Wieselburg-Wiener Straße. Dolch und Brustschmuck mit Nadeln der Urnenfelder-Kultur von Wieselburg-Steggasse. Bronzenes Vollgriffschwert, Urnen und andere Gefäße aus Wieselburg-Zeil und Rottenhaus. Brustschmuck mit Drahtspirale aus der Urnenfelder-Kultur von Kemmelbach.

Schweiz (Auswahl)

AARAU *Aargauisches Naturmuseum*
Säugetierknochen aus schweizerischen Seeufersiedlungen (»Pfahlbauten«).
APPENZELL *Heimatmuseum*
Bronzebeil, gefunden bei einer Melioration südlich von Appenzell-Forren.
AARAU *Aargauisches Naturmuseum*
Säugetierknochen aus schweizerischen Seeufersiedlungen.
ARBON *Historisches Museum*
Funde aus den frühbronzezeitlichen Seeufersiedlungen Arbon-Bleiche 2, wie Keramik, Steingeräte, bronzene Dolche, Beile, Pfeil- und Lanzenspitzen, Gewandnadeln, Arm- und Fingerringe sowie zwei Golddrahtstücke.
BASEL *Museum für Völkerkunde und Schweizerisches Museum für Volkskunde*
Darstellung der Bronzezeit allgemein und in der Schweiz. Unter anderem Keramik, tönerne Spinnwirtel und »Feuerböcke«, bronzene Sicheln, Messer, Dolche, Beile sowie Schmuck. Bronzeschwerter aus der Mittel- und Spätbronzezeit. Bronzene Lanzen-, Speer- und Pfeilspitzen.
BERN *Bernisches Historisches Museum*
Funde von Ufersiedlungen am Bieler See, Gemeinden Mörigen und Vinelz: Keramik, Waffen, Geräte und Schmuckobjekte aus Bronze, daneben auch Grabfunde mit Beigaben in Form von Tongefäßen, Waffen, Geräten und Schmuckobjekten aus Bronze. Hort- und Versteckfunde,

zum Teil Weihe- oder Opferfunde, zum Teil Depots von Altmetall zum Wiedereinschmelzen. Hinweise auf Ackerbau und Viehzucht.

BIEL *Museum Schwab*

Funde aus Seeufersiedlungen am Bieler See, Murtensee und Neuenburger See. Bronzerad von Cortaillod. Schüssel mit Zinneinlagen von Cortaillod. Raupenfibel von Mörigen. Dolch von Zihlwil. Schwert von Jolimont. Schwerter von Sutz. Schwertklingen von Oberillau. Nadeln, Armringe, Messer und Sicheln.

CHUR *Rätisches Museum*

Keramik aus der Früh- und Mittelbronzezeit der Siedlungen von Crestaulta bei Lumbrein (Lugnez) und auf dem Padnal bei Savognin (Oberhalbstein). Schmuck aus bronzezeitlichen Gräbern.

FRAUENFELD *Thurgauisches Museum*

Frühbronzezeit: Umstrittener Goldbecher von Eschenz. Funde von Arbon-Bleiche 2 und Toos-Waldi. Spätbronzezeit: Funde von Eschenz-Insel Werd und Uerschhausen-Halbinsel Horn.

FREIBURG *Museum für Kunst und Geschichte*

Frühbronzezeit: Funde aus Gräbern. Mittelbronzezeit: Einzelfunde, Dolche und Beile. Spätbronzezeit: Serien von Bronzegegenständen, Geräte und Waffen, Schmuck, Wagenbestandteile und Keramik.

GENF *Musée d'art et d'histoire*

Frühbronzezeit: Funde aus dem Rhônetal. Spätbronzezeit: Funde aus Seeufersiedlungen, vor allem Eaux-Vives, Genf. Bronzepanzer aus Fillinges, Département Haute-Savoie, Frankreich.

LAUSANNE *Musée cantonal d'archéologie*
Reiche Funde aus Gräberfeldern der Frühbronzezeit aus Chablais (Frankreich), Region von Ollon, aus Seeufersiedlungen (Morges-Les Roseaux, Corcelettes) und aus der Spätbronzezeit (Le Boiron).
LENZBURG *Museum Burghalde*
Einzelne Funde aus der Früh- und Mittelbronzezeit. Funde aus der Spätbronzezeit von Seengen-Riesi (Moordorf), Kestenberg ob Möriken (Höhensiedlung), wie Tongefäße, Werkzeuge, Waffen, Goldplättchen, Gußbrocken und -löffel.
LIESTAL *Kantonsmuseum Baselland*
Wenige Einzelfunde aus der Bronzezeit.
LUZERN *Natur-Museum, Archäologische Abteilung*
Depotfund von Oberillau.
MEILEN *Ortsmuseum*
Frühbronzezeit: Fragmente von Henkeltöpfen. Spätbronzezeit: Lappenbeil, Fingerring, Meißel mit Tülle und Verzierungen.
MURTEN *Historisches Museum*
Keramik, »Feuerböcke«, Werkzeuge, Waffen und Schmuck aus den Siedlungen Grenginsel und Muntelier/Steinberg, beide am Murtensee, Kanton Freiburg. Bug eines Einbaumes aus dem Biberenkanal im Großen Moos. Besonders schöner Brustschmuck der Spätbronzezeit, mit Gold überzogene Bronzeknöpfe und Röllchen aus Gold von der Station Vallamond/Les Ferrages, Kanton Waadt.
NEUENBURG *Musée cantonal d'archéologie*
Keramik, Geweihgeräte, Korbreste und Bronzegegenstände

(darunter Auvernier-Schwert) aus Seeufersiedlungen am Neuenburger See.
OLTEN *Historisches Museum, Archäologische Sammlung des Kantons Solothurn*
Inventare aus bronzezeitlichen Höhensiedlungen.
SANKT GALLEN *Historisches Museum und Kirchhoferhaus*
Siedlungsfunde vom Montlinger Berg, Gemeinde Montlingen.
SANKT MORITZ *Engadiner Museum*
Bronzezeitliche Quellfassung von Sankt Moritz.
SCHAFFHAUSEN *Museum zu Allerheiligen*
Frühbronzezeit: Rudernadel aus Büsingen-Stemmer, eine Goldspirale und zwei Silberspiralen aus Löhningen. Armspangen aus Neuhausen-Zuba. Dolchklinge aus Rüdlingen-Burgstall. Mittelbronzezeit: Nadel mit durchbohrtem Hals, Gürtelhaken mit aufgebogenen Schlaufen und Schwert aus einem Grab von Thayngen-Gatter. Nadel mit durchbohrtem Hals, Dolchklinge und Schwert aus einem Grab in Beringen-Wisental. Spätbronzezeit: Bronzeschmuck aus Löhingen-Gehren. Bronzenadel mit Kugelkopf und drei Rippen aus Ramsen-Schüppel. Urnengrab aus Beringen-Unterer Stieg. Keramik aus Beringen-Neues Schulhaus.
SCHÖTZ *Wiggertaler Museum*
Randleistenbeil, Bronzenadeln, Spinnwirtel und Kermikreste.
SITTEN *Kantonales Museum für Archäologie*
Keramik, Werkzeuge, Waffen und Schmuck (Nadeln, Ohrringe, Anhänger, Arm- und Fußringe) aus der Früh-, Mittel- und Spätbronzezeit von verschiedenen Fundorten

des Wallis.
THUN *Historisches Museum*
Zahlreiche Funde aus Thun, Allmendingen und Steffisburg. Streufunde aus Einigen, Oberhofen, Hilfertingen und Hunegg.
TWANN *Pfahlbaumuseum Dr. Carl Irlet*
Funde aus der Früh- und Spätbronzezeit am Bieler See.
ZOFINGEN *Museum*
Mohnkopfnadeln, Schwertklinge, Sichelfragment, Lappenbeil und Keramik.
ZUG *Kantonales Museum für Urgeschichte (inkl. vorgeschichtliche Kollektion im Museum in der Burg)*
Spätbronzezeitliche Tongefäße und Bronzen aus der Ufersiedlung Zug-Im Sumpf.
ZÜRICH *Schweizerisches Landesmuseum*
Depotfund von Arbedo-Castione, Kanton Tessin, mit Schmuckstücken. Bronzegußform aus Sandstein von Auvernier, Kanton Neuenburg.

Fürstentum Liechtenstein

VADUZ *Liechtensteinisches Landesmuseum*
Frühbronzezeit: Keramik vom Borscht und von Nendeln/Sajaweiher, Gemeinde Gamprin. Mittelbronzezeit: Keramik von der Höhensiedlung Malanser, Gemeinde Eschen. Urnenfelder-Kultur: Funde von den Siedlungsplätzen Lutzengüetle, Schneller und Malanser auf dem Eschnerberg. Laugen-Melaun-Gruppe: Keramik vom Gutenberg bei Balzers, vom Malanser, vom Schneller und auf Krüppel ob Schaan.

Literaturverzeichnis

Die Bronzezeit
ABELS, Björn-Uwe: Die vorchristlichen Metallzeiten. Aus: ABELS, Björn-Uwe / SAGE, Walter / ZÜCHNER, Christian: Oberfranken in vorgeschichtlicher Zeit, S. 69–144, Bamberg 1986.
ALMGREN, Bertil: Die schwedischen Felsbilder der Bronzezeit und ihre Deutung. Aus: Lebendige Vorzeit. Felsbilder der Bronzezeit aus Schweden, Hamburg 1980.
BANDI, Hans-Georg: Die Kultur der Bronzezeit. Aus: DRACK, Walter (Herausgeber): Die Bronzezeit der Schweiz. Repertorium der Ur- und Frühgeschichte der Schweiz, S. 35–41, Zürich 1956.
BILLIG, Gerhard: Bronzezeit. Aus: HERRMANN, Joachim (Herausgeber): Lexikon früher Kulturen, Band 1, S. 155–156, Leipzig 1984.
EGG, Markus / PARE, Christopher: Die Metallzeiten in Eu ropa und im Vorderen Orient. Die Abteilung Vorgeschichte im Römisch-Germanischen Zentralmuseum. Kataloge vor- und frühgeschichtlicher Altertümer, Band 26, Mainz 1995.
FILIP, Jan: Bronzezeit. Aus: FILIP, Jan (Herausgeber): Enzyklopädisches Handbuch zur Ur- und Frühgeschichte Europas, Band 1, S. 170–171, Stuttgart 1966.
GIMBUTAS, Marija: Bronze age cultures in Central and Eastern Europe, Paris/London 1965.

GOETZE, Bernd-Rüdiger: Die frühesten europäischen Schutzwaffen. Anmerkungen zum Zusammenhang einer Fundgattung. Bayerische Vorgeschichtsblätter, Jahrgang 49, S. 25–53, München 1984.
HILDEBRAND, Hans: Sur les commencements de l'age du fer en Europe. Congrès international d'anthropologie et d'archéologie préhistoriques. Compte rendu de la 7e session, Stockholm 1874, 2, S. 592–601, Stockholm 1876.
HOERNES, Moritz: Bronzezeit. Aus: HOOPS, Johannes (Herausgeber): Reallexikon der Germanischen Altertumskunde. Erster Band, S. 329–330, Straßburg 1911.
HOFFMANN, Rainer: Die Bronzezeit ca. 1800–800 v. Chr. Aus: BOTT, Gerhard (Herausgeber): Germanisches Nationalmuseum. Die vor- und frühgeschichtliche Sammlung, S. 86–119, Nürnberg 1983.
JAZDZEWSKI, Konrad: Bronzezeit. Aus: Urgeschichte Mitteleuropas, S. 202–272, Wroclaw 1984.
JOCKENHÖVEL, Albrecht: Die Bronzezeit. Aus: HERRMANN, Fritz Rudolf / JOCKENHÖVEL, Albrecht (Herausgeber): Die Vorgeschichte Hessens, S. 195–243, Stuttgart 1990.
KOSSINNA, Gustaf: Oscar Montelius. Mannus, 13. Band, S. 309–335, Leipzig 1922.
KOTTMANN, Albrecht: Fünftausend Jahre messen und bauen. Planungsverfahren und Maßeinheiten von der Vorzeit bis zum Ende des Barock, Stuttgart 1981.
KRAUSE, Rüdiger: Denkmäler der Bronzezeit in Europa. Aus: Die Bronzezeit, das erste goldene Zeitalter Europas.

Europäisches Erbe, Nr. 2, S. 21–25, Straßburg 1994.
KÜHN, Herbert: Vorgeschichte der Menschheit. Bronzezeit und Eisenzeit, Köln 1966.
LESSING, Erich: Die griechischen Sagen, München 1982.
MARINGER, Johannes: Musik in vor- und frühgeschichtlicher Zeit. Prähistorische Zeitschrift, Band 57, S. 126–137, Berlin 1982.
MARTIN, Jochen / ZWÖLFER, Norbert: Geschichtsbuch. 1. Die Menschen und ihre Geschichte in Darstellungen und Dokumenten. Ausgabe B für Gymnasien in Baden-Württemberg. Von der Urgeschichte bis zum Reich der Franken, Berlin 1986.
MONTELIUS, Oscar: Om tiasbestämming inom bronsåldern med särskildt afseende på Skandinavten, Stockholm 1885.
MONTELIUS, Oscar: Die Chronologie der ältesten Bronzezeit in Nord-Deutschland und Skandinavien, Braunschweig 1900.
MONTELIUS, Oscar: Bronzezeit. Aus: EBERT, Max (Herausgeber): Reallexikon der Vorgeschichte. Zweiter Band, S. 179–188, Berlin 1925.
MÜLLER-KARPE, Hermann: Handbuch der Vorgeschichte, Band 4, Bronzezeit, München 1980.
PARET, Oscar: Die Bronzezeit. Aus: Württemberg in vor- und frühgeschichtlicher Zeit, S. 122–172, Stuttgart 1961.
PROBST, Ernst: Deutschland in der Bronzezeit. Bauern, Bronzegießer und Burgherren zwischen Nordsee und Alpen, München 1996

PROBST, Ernst: Die Urgeschichte. Aus: Deutschland in der Steinzeit. Jäger, Fischer und Bauern zwischen Nordseeküste und Alpenraum, S. 23–24, München 1991.
PRYOR, Françis: Kinder in der Bronzezeit. Aus: Die Bronzezeit, das erste goldene Zeitalter Europas. Europäisches Erbe, Nr. 2, S. 39–41, Straßburg 1994.
PUCHER, Erich: Das bronzezeitliche Pferdeskelett von Unterhautzenthal, p. B. Korneuburg (Niederösterreich), sowie Bemerkungen zu einigen anderen Funden »früher« Pferde in Österreich. Annalen des Naturhistorischen Museums Wien, Band 93, S. 19–29, Wien 1992.
REINECKE, Paul: Zur Kenntnis der frühen Bronzezeit Mitteleuropas. Mitteilungen der Anthropologischen Gesellschaft Wien, Band 32, S. 104–129, Wien 1902.
SCHLABOW, Karl: Das Spinngut des bronzezeitlichen Webers. Offa, Jahrgang 4, S. 109–127, Neumünster 1939.
SCHLICHTHERLE, Helmut / WAHLSTER, Barbara: Archäologie in Seen und Mooren. Den Pfahlbauten auf der Spur, Stuttgart 1986.
SEIDEL, Ute: Bronzezeit. Sammlungen des Württembergischen Landesmuseums Stuttgart, Band 2, Stuttgart 1995.
SOMMERFELD, Christoph: Gerätegeld Sichel – Studien zur monetären Struktur bronzezeitlicher Horte im nördlichen Mitteleuropa. Vorgeschichtliche Forschungen, Band 19, Berlin 1994.
STRAHM, Christian: Die Anfänge der Metallurgie in Mitteleuropa. Helvetia Archaeologica, Jahrgang 25, Heft 97, S. 2–39, Basel 1994.

TREUE, Wilhelm (Herausgeber): Achse, Rad und Wagen. Fünftausend Jahre Kultur- und Technikgeschichte, Göttingen 1986.
WEBER, Gesine: Händler, Krieger, Bronzegießer. Bronzezeit in Nordhessen. Vor- und Frühgeschichte im Hessischen Landesmuseum in Kassel, Heft 3, Kassel 1992.

Autor Ernst Probst,
Foto: Klaus Benz, Mainz-Laubenheim

Der Autor

Ernst Probst, geboren am 20. Januar 1946 in Neunburg vorm Wald im bayerischen Regierungsbezirk Oberpfalz, ist Journalist und Wissenschaftsautor. Er arbeitete von 1968 bis 1971 als Redakteur bei den »Nürnberger Nachrichten«, von 1971 bis 1973 in der Zentralredaktion des »Ring Nordbayerischer Tageszeitungen« in Bayreuth und von 1973 bis 2001 bei der »Allgemeinen Zeitung«, Mainz. In seiner Freizeit schrieb er Artikel für die »Frankfurter Allgemeine Zeitung«, »Süddeutsche Zeitung«, »Die Welt«, »Frankfurter Rundschau«, »Neue Zürcher Zeitung«, »Tages-Anzeiger«, Zürich, »Salzburger Nachrichten«, »Die Zeit“, »Rheinischer Merkur«, »Deutsches Allgemeines Sonntagsblatt«, »bild der wissenschaft«, »kosmos«, »Deutsche Presse-Agentur« (dpa), »Associated Press« (AP) und den »Deutschen Forschungsdienst« (df). Aus seiner Feder stammen die Bücher »Deutschland in der Urzeit« (1986), »Deutschland in der Steinzeit« (1991), »Rekorde der Urzeit« (1992), »Dinosaurier in Deutschland« (1993 zusammen mit Raymund Windolf) und »Deutschland in der Bronzezeit« (1996). Von 2001 bis 2006 betätigte sich Ernst Probst als Buchverleger sowie zeitweise als internationaler Fossilienhändler und Antiquitätenhändler. Insgesamt veröffentlichte er mehr als 300 Bücher, Taschenbücher, Broschüren und über 300 E-Books.

Bücher von Ernst Probst

Annie Oakley
Die Meisterschützin des Wilden Westens

Archaeopteryx. Der Urvogel
aus Bayern

Christl-Marie Schultes. Die erste Fliegerin in Bayern
(zusammen mit Theo Lederer)

Cortés und Malinche. Der spanische Eroberer
und seine indianische Geliebte

Der Europäische Jaguar

Der Mosbacher Löwe
Die riesige Raubkatze aus Wiesbaden

Der Rhein-Elefant
Das Schreckenstier von Eppelsheim

Der Schwarze Peter
Ein Räuber im Hunsrück und Odenwald

Der Ur-Rhein
Rheinhessen vor zehn Millionen Jahren

Deutschland im Eiszeitalter

Deutschland in der Frühbronzezeit

Deutschland in der Mittelbronzezeit

Deutschland in der Spätbronzezeit

Die Aunjetitzer Kultur in Deutschland

Die Straubinger Kultur in Deutschland

Die Singener Gruppe

Die Arbon-Kultur in Deutschland

Die Ries-Gruppe und die Neckar-Gruppe

Die Adlerberg-Kultur

Der Sögel-Wohlde-Kreis

Die nordische Bronzezeit in Deutschland

Die Hügelgräber-Kultur in Deutschland

Die ältere Bronzezeit in Nordrhein-Westfalen

Die Bronzezeit in der Lüneburger Heide

Die Stader Gruppe in der Bronzezeit

Die Oldenburg-emsländische Gruppe

Die Urnenfelder-Kultur in Deutschland

Die ältere Niederrheinische Grabhügel-Kultur

Die Unstrut-Gruppe

Die Helmsdorfer Gruppe

Die Saalemündungs-Gruppe

Die Lausitzer Kultur in Deutschland

Die Dolchzahnkatze Megantereon

Die Dolchzahnkatze Smilodon

Die Säbelzahnkatze Machairodus

Die Säbelzahnkatze Homotherium

Die Schweiz in der Frühbronzezeit

Die Schweiz in der Mittelbronzezeit

Die Schweiz in der Spätbronzezeit

Dinosaurier von A bis K. Von Abelisaurus
bis zu Kritosaurus

Dinosaurier von L bis Z. Von Labocania
bis zu Zupaysaurus

Eiszeitliche Geparde in Deutschland

Eiszeitliche Leoparden in Deutschland

Frauen im Weltall

Höhlenlöwen. Raubkatzen
im Eiszeitalter

Johann Jakob Kaup
Der große Naturforscher aus Darmstadt

Julchen Blasius
Die Räuberbraut des Schinderhannes

Königinnen der Lüfte in Deutschland

Königinnen der Lüfte in Europa

Königinnen der Lüfte in Amerika

Königinnen der Lüfte von A bis Z

Königinnen des Tanzes

Malende Superfrauen

Meine Worte sind wie die Sterne
Die Entstehung der Rede des Häuptlings Seattle
(zusammen mit Sonja Probst)

Monstern auf der Spur
Wie die Sagen über Drachen, Riesen
und Einhörner entstanden

Österreich in der Frühbronzezeit

Österreich in der Mittelbronzezeit

Österreich in der Spätbronzezeit

Pompadour und Dubarry. Die Mätressen
von Louis XV.

Raub-Dinosaurier von A bis Z.
Mit Zeichnungen von Dmitry Bogdanav
und Nobu Tamura

Rekorde der Urmenschen
Erfindungen, Kunst und Religion

Rekorde der Urzeit
Landschaften, Pflanzen und Tiere

Säbelzahnkatzen. Von Machairodus
bis zu Smilodon

Säbelzahntiger am Ur-Rhein. Machairodus
und Paramachairodus

Superfrauen aus dem Wilden Westen

Superfrauen 1 – Geschichte

Superfrauen 2 – Religion

Superfrauen 3 – Politik

Superfrauen 4 – Wirtschaft und Verkehr

Superfrauen 5 – Wissenschaft

Superfrauen 6 – Medizin

Superfrauen 7 – Film und Theater

Superfrauen 8 – Literatur

Superfrauen 9 – Malerei und Fotografie

Superfrauen 10 – Musik und Tanz

Superfrauen 11 – Feminismus und Familie

Superfrauen 12 – Sport

Superfrauen 13 – Mode und Kosmetik

Superfrauen 14 – Medien und Astrologie

Bestellungen bei: http://www.grin.com

Printed in Poland
by Amazon Fulfillment
Poland Sp. z o.o., Wrocław